高等学校材料专业系列教材

材料成型测试技术

胡灶福　李长宏　编著

合肥工业大学出版社

图书在版编目(CIP)数据

材料成型测试技术/胡灶福,李长宏编著.—合肥:合肥工业大学出版社,2010.9(2018.8重印)

ISBN 978-7-5650-0282-3

Ⅰ.①材… Ⅱ.①胡…②李… Ⅲ.①工程材料—成型—测试技术 Ⅳ.①TB3

中国版本图书馆CIP数据核字(2010)第176298号

材料成型测试技术

胡灶福 李长宏 编著　　　　责任编辑 权 怡

出 版	合肥工业大学出版社	版 次	2010年9月第1版
地 址	合肥市屯溪路193号	印 次	2018年8月第3次印刷
邮 编	230009	开 本	787毫米×1092毫米 1/16
电 话	总编室:0551-2903038	印 张	11
	发行部:0551-2903198	字 数	254千字
网 址	www.hfutpress.com.cn	印 刷	安徽昶颉包装印务有限责任公司
E-mail	hfutpress@163.com	发 行	全国新华书店

ISBN 978-7-5650-0282-3　　　　定价:22.00元

前　言

材料成型过程测试技术在生产中起着至关重要的作用，越来越成为材料成型自动化生产的支柱。为了使广大读者能够对生产过程中所需的测试内容有所了解和掌握，本书注重理论知识与实践技能相结合，从系统性角度出发，全面而又有重点的对成型过程中的测试进行介绍。

本书从材料成型过程所需的动态测试和动态测试系统性两条主线出发，主要介绍了信号及其处理方法、常用专门仪器、力参数测试方法、电动机参数测试方法、轧件尺寸和位置测量及无损探伤等内容，目的在于使学生能掌握有关测试技术的基本理论和方法，了解一些测试技术的发展方向，并通过实际操作培养学生具有一定的实验技能。全书贯彻少而精的原则，精心选编各章节理论部分。为考核学习质量，各章均配有习题与思考题，附录有该课程的8项实验指导。

全书共分6章。第1章介绍测试技术的基本概念，着重介绍了信号的一般概念及常用处理方法，并对测量系统及其基本特性作了简单介绍；第2章介绍常用传感器及其输出信号处理方法；第3章介绍力参数测试，主要是应力应变测试、轧制压力测试、轧机刚度测试等内容；第4章介绍电动机参数测量、位移测量、转速测量、温度测量等方面的内容；第5章介绍轧件尺寸和位置测量，详细介绍了对轧制中的常用尺寸和位移测量；第6章介绍钢材表面质量检测，内容主要集中于无损探伤。

本书具有以下特点：

(1)专业性

本书以材料成型测试内容为主，力求读者通过本书的学习能较好地掌握成型过程中所需的测试技术，并对测试方法和数据处理技术能有较全面的理解和实际应用能力。

(2)创新性

本书不但包括常见成型过程中所需的测试技术，也包括了诸如“刚度测试”等内容，并对专业数值分析作了简单介绍。

(3)全面性

书中内容不但涉及测试技术、传感器、测试方法等内容，而且也对成型测试中所需的数据处理、信号处理方法作了介绍。

(4)理论和应用相结合

在书中注重理论和实践相结合，由于材料成型过程测试属应用性较强的学科，因此在选材写作时也尽量体现这一特点。

本书由安徽工业大学胡灶福、李长宏主编。本书前4章由李长宏编写，后2章由胡灶福编写，全稿由李长宏负责统编。

本书可作为操作维护人员职业技能培训教材，也可作为大专院校的学生用书。

在本书编写过程中，我们参阅了很多文献书籍。同时，在编写过程中得到多方人员的指导和帮助，在此一并表示感谢。尽管全体编者尽心尽力，但终因水平有限，书中难免存在缺点和不足，敬请读者批评指正。

编 者

2010年7月

目　录

第 1 章　测试技术基本概念

1.1　测试技术及其在轧钢生产中的应用

1.1.1　测试技术的基本概念和任务

测试技术是测量技术和试验技术的总称。测量就是把被测对象中的某种信息检测出来，并加以度量；试验则是把被测系统中存在的某种信息通过专门装置，以某种人为的方法激发出来，并加以测量。简言之，测试就是依靠一定的科学技术手段定量地获取某种研究对象中的原始信息的过程。信息一般可理解为消息、情报或知识。这里所说的“信息”是指事物的状态或属性，例如在轧钢生产中的轧制温度、轧制速度、轧件尺寸等。

测试技术是从 19 世纪末、20 世纪初发展起来的一门新型技术，迄今已发展成为领域相当宽广的学科。近年来，随着电子技术特别是仪表和电子计算机技术的迅速发展，大大促进了测试技术的发展，过去依靠人工操作、调节、记录、处理和计算的部分，现在已可用计算机的硬件和软件完成。当前，测试技术正向着数字化、自动化、智能化、集成化的方向发展。由于信号的数字处理技术日益完善，数字测量将大量地取代模拟测量。微处理器在测试技术中的应用推动着测试手段的智能化、自动化，即把传统的测量仪器变成了智能仪器。微处理器的逻辑功能和控制功能实现了自动测量、自动调节、自诊故障，微处理器的数据处理功能则完成测试中的误差校正、数据变换和实验曲线拟合。当前的计算机辅助测试(CAT) 大大提高了测量精度和试验工作效率[1]。

信息总是蕴藏在某些物理量中，并依靠物理量来传递，这些物理量就是信号。例如，轧件材料检测到的信号就包含有材料的厚度、温度等信息，通过分析采集到的这些信号，就掌握了轧件材料的特征参数。

测试工作的基本任务是通过测试手段，对研究对象中的有关信息量作出比较客观、准确的描述，使人们对其有一个恰当的、全面的认识，以达到进一步改造和控制研究对象的目的。

研究对象中所包含的信息是相当丰富的，其中既包含有用的信息，也有大量不需要的干扰信号。测试工作中的一项艰巨任务就是要从复杂的信号中提取有用的信号，并排除干扰。由此可见，测试工作是一件非常复杂的工作，需要多种学科知识的综合运用。

从广义角度来讲，测试工作涉及试验设计、模型试验、传感器、信号加工与处理(传输、加工和分析、处理)、误差理论、控制工程、系统辨识和参数估计等内容，因此，测试工作者应当具备这方面的相关知识;从狭义角度来讲,测试工作是指在选定激励方式下所进行的信号的检测、变换、处理、显示、记录及电量输出数据的处理工作。

1.1.2 测试技术在轧钢生产中的应用

在轧制生产中,多数设备是在重载、高温、多尘等恶劣环境下工作的,设备的技术性能和运转状况对整个生产过程和产品质量有着重要的影响。因此,在保证设备高效能正常运转的条件下,如何安排生产工艺规程,以便达到高产、优质、低耗,是现代轧制生产亟待解决的课题。虽然计算轧制工艺参数有许多理论公式和半经验公式,但这些公式都是在一定条件下推导出来的,必然带有一定的局限性。鉴于目前轧制理论的发展水平,尚不能精确地解决在各种具体生产条件下的工艺参数的计算问题。因此,比较可靠的办法还是对轧制工艺参数进行直接测定,以取得在不同生产工艺条件下的实测数据,并作为编制生产工艺规程的依据[1]。可见,测试技术在轧钢生产中起着十分重要的作用。

1. 轧制测试技术的主要目的

(1) 在自动化生产过程中,通过对力能参数的检测来调节和控制生产过程。

(2) 在轧制过程中进行质量检测,可以及时纠正轧制缺陷的继续产生;对轧制成品的检测,可以真实而准确地检查出成品是否合格,杜绝废品出厂。

(3) 摸清现有轧制设备的负荷水平,在保证设备安全运转的条件下,充分发挥现有设备的潜力,以达到高产、优质、低成本的目的。

(4) 通过对现有设备和新安装设备主要部件的受力状态、运动规律测试,从而判断设备性能是否符合设计要求。

(5) 利用现代化的测试手段研究和鉴别生产过程中发生的物理现象,以对现有工艺设备、产品质量等进行剖析,明确进一步改进的方向。

(6) 通过对测试结果的综合分析,可以为科研人员验证现有理论和建立新理论、设计人员确定最佳设计方案、工艺人员确定最佳工艺参数等提供科学依据。

总之,现代化的测试技术是轧制生产的关键因素,要实现现代化的轧制控制,必须要有与之相配的测试技术。实践证明,生产技术的发展是和测试技术的发展息息相关、互相渗透、互相促进的。因为,生产技术的发展推动了测试技术的发展;反过来,测试技术的发展又促进了生产技术的不断提高。因此,测试技术水平在一定程度上也标志着生产技术和科学技术的发展水平。

2. 轧制过程中常需的测量参数

(1) 轧机的负荷参数

① 主传动负荷参数——电流、电压、速度、功率和频率;

② 轧制负荷参数——轧制力、轧制力矩、弯辊力和平衡力。

(2) 主要辅助设备的过程参数

① 加热炉参数——区域温度、空气与燃料的比例和板坯推进速度;

② 除鳞水参数——压力和流量;

③ 轧辊冷却水参数——压力、流量黏度和温度;

④ 带钢冷却水参数——压力、流量和温度。

(3) 轧制产品参数

① 几何参数 —— 厚度、宽度、长度、侧弯、凸度、平直度和带卷直径；

② 冶金参数 —— 温度和表面条件。

本课程是为研究测试技术在轧钢生产中的应用以及掌握现代化轧钢生产中必不可少的检测技术打基础。

1.2　信号的描述

信息是事物客观存在或运动状态的特征；信息本身不是物质，不具有能量，而信息的传输却依靠物质的能量。传输信息的载体称为信号，信息蕴藏于信号之中。如古代边境烽火，表现出的是光信号，蕴藏的信息是“敌人来进攻了”。

1.2.1　信号的分类

在动态测试中，将信号作为时间函数来研究。按照能否用明确的时间函数关系来描述，可将信号分为两类：

(1) 确定性信号
- 周期信号
  - 正弦信号（简谐信号，振幅是时间的正弦函数）
  - 复杂周期信号（由频率为基频整数倍的信号组合而成，如方波由频率为基频的奇数倍信号合成）
- 非周期信号
  - 准周期信号（由不同频率的简谐信号合成，无周期性，简谐分量的频率比总有一个为无理数）
  - 瞬态信号（如各种脉冲函数或衰减函数信号）

(2) 随机信号
- 平稳随机信号（统计特征参数不随时间而改变）
- 非平稳随机信号（统计特征参数不恒定）

按照信号波形的形态，还可将信号分为连续信号和离散信号。连续信号在所讨论的时间间隔内，对任意时间值，除若干不连续点以外，都可以给出确定的函数值。离散信号在时间上是离散的，只在某些不连续的时间点上给出函数值，而其他时间没有意义。

1.2.2　信号描述的一般概念

1. 信号的时域描述

直接观测或记录的信号，一般是随时间变化的物理量，即以时间 t 作为独立变量，以瞬时幅值 $x(t)$ 为因变量。信号的时域描述，只能反映信号的幅值随时间变化的特征，而不能明确揭示信号的频率组成成分。

2. 信号的频域描述

为研究信号频率结构和各频率成分的幅值大小，应对信号进行频谱分析。所谓对信号作频域描述，就是把时域信号通过数学变换变成频域信号，也就是以频率 f 或圆频率 $\omega=2\pi f$ 作为变量。

3. 频谱

频谱是构成信号 $x(t)$ 的各频率分量的集合，它完整地表示信号的频率结构，有幅频谱 $A(\omega)$ 和相频谱 $\varphi(\omega)$ 两种。

信号的频域描述、时域描述的关系如图 1-1[2]。

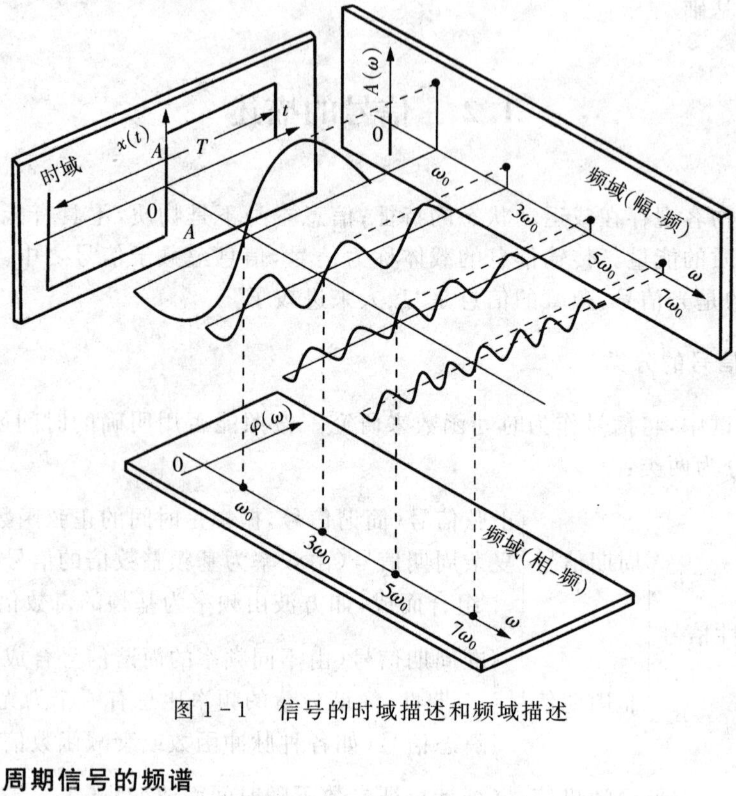

图 1-1　信号的时域描述和频域描述

1.2.3　周期信号的频谱

1. 周期信号概念

周期信号是经过一定时间间隔重复出现的信号。周期信号函数形式如下：

$$x(t)=x(t+nT)$$

其中，T 为周期；n 为整数。

常见周期信号是正弦信号和余弦信号，两者可以互化。函数形式如下：

$$x(t)=A(\omega_0 t+\theta)$$

要完全确定一个正弦信号需要三个要素，即幅值 A、角频率 ω_0 或频率 f_0 和初相位角 θ。

周期信号的强度表示为时域描述信号的特征参量：

(1) 峰值 x_{max}—— 是信号可能出现的最大瞬时幅值，它表征了动态范围。

(2) 均值 x_{av}—— 是信号在整个时域的积分平均，它表征了直流分量。即

$$x_{av}=\frac{1}{T}\int_0^T x(t)\mathrm{d}t$$

绝对均值为：

$$|x_{av}|=\frac{1}{T}\int_{0}^{T}|x(t)|\mathrm{d}t$$

(3) 有效值 x_{rms}—— 是信号的均方根值，即

$$x_{rms}=\sqrt{\frac{1}{T}\int_{0}^{T}x^{2}(t)\mathrm{d}t}$$

均方值为：

$$P_{av}=x_{rms}^{2}=\frac{1}{T}\int_{0}^{T}x^{2}(t)\mathrm{d}t$$

它表征了信号的平均功率。

(4) 方差 σ_{x}^{2}—— 信号相对其均值的均方值，表征了瞬时幅值对均值的波动程度。即

$$\sigma_{x}^{2}=\frac{1}{T}\int_{0}^{T}[x(t)-x_{av}]^{2}\mathrm{d}t$$

2. 周期信号的离散频谱

(1) 傅里叶级数

若周期函数满足狄里赫利条件：

① 在 $\left[-\frac{T}{2},\frac{T}{2}\right]$ 上连续，或只有有限个间断点；

② 只有有限个极值点。

则可展成傅里叶级数：

$$x(t)=a_{0}+\sum_{n=1}^{\infty}(a_{n}\cos n\omega_{0}t+b_{n}\sin n\omega_{0}t)$$

其中

$$a_{0}=\frac{1}{T}\int_{-\frac{T}{2}}^{\frac{T}{2}}x(t)\mathrm{d}t$$

$$a_{n}=\frac{2}{T}\int_{-\frac{T}{2}}^{\frac{T}{2}}x(t)\cos n\omega_{0}t\mathrm{d}t$$

$$b_{n}=\frac{2}{T}\int_{-\frac{T}{2}}^{\frac{T}{2}}x(t)\sin n\omega_{0}t\mathrm{d}t$$

其中，$n=1,2,3,\cdots$

(2) 幅频谱与相频谱

傅里叶级数展开式关系如图 1-2 所示。

傅里叶级数也可写为：

$$x(t)=a_{0}+\sum_{n=1}^{\infty}A_{n}\sin(n\omega_{0}t+\varphi_{n})$$

其中

$$A_n = \sqrt{a_n^2 + b_n^2}$$

$$\varphi_n = \text{arctg}\,\frac{a_n}{b_n}$$

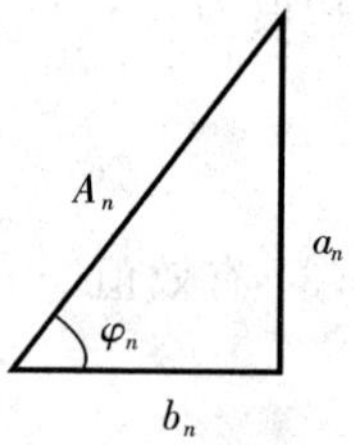

图 1-2　傅里叶级数展开式关系图

则 A_n 为幅值，$A_n \sim \omega$ 图称幅频谱，则 φ_n 为相角，$\varphi_n \sim \omega$ 图称相频谱。

因为 n 是整数序列，所以相邻频率间隔最小为：

$$\Delta\omega = \omega_0 = \frac{2\pi}{T}$$

即各频率成分都是 ω_0 的整数倍，故谱线是离散的。ω_0 称为基频，n 次倍频成分，则

$$A_n \sin(n\omega_0 t + \varphi_n)$$

称为 n 次谐波（$n=1$ 为基波）。

3. 周期信号的傅里叶级数实例

例 1　周期方波，其时域描述及波形为：

$$x(t) = \begin{cases} -A, & -\frac{T}{2} \leqslant t \leqslant 0 \\ A, & 0 \leqslant t \leqslant \frac{T}{2} \end{cases}$$

求该信号频谱图。

方波信号的时域描述如图 1-3 所示。

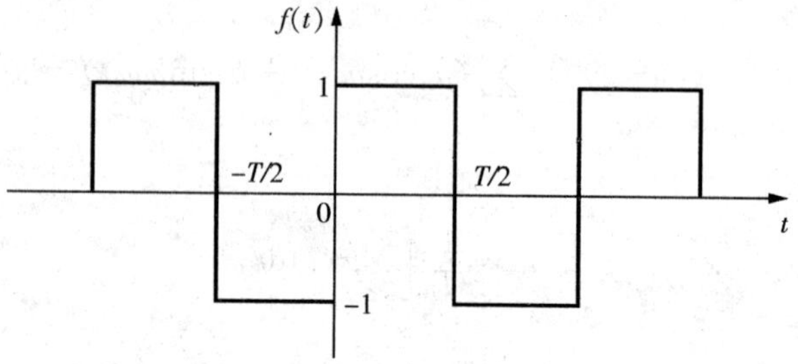

图 1-3　周期方波信号

解　该信号有如下特点：

(1) 在单个周期内，上半周期和下半周期围成面积相等，方向相反，均值为 0，即

$$a_0 = \frac{1}{T}\int_{-\frac{T}{2}}^{\frac{T}{2}} x(t)\,\mathrm{d}t = 0$$

(2) 函数为奇函数，因为 $x(t)\cos n\omega_0 t$ 为奇函数，而奇函数在对称区间内积分为零。因此，余弦系数为：

$$a_n = \frac{2}{T}\int_{-\frac{T}{2}}^{\frac{T}{2}} x(t)\cos n\omega_0 t\,\mathrm{d}t = 0$$

因此，该周期方波信号仅有正弦分量组成，其各次正弦波幅值为：

$$b_n=\frac{2}{T}\int_{-\frac{T}{2}}^{\frac{T}{2}}x(t)\sin n\omega_0 t\mathrm{d}t=\frac{4}{T}\int_{0}^{\frac{T}{2}}A\sin\frac{2n\pi}{T}t\,\mathrm{d}t$$

$$=\frac{2A}{n\pi}[1-\cos n\pi]=\frac{4A}{n\pi}\sin^2\frac{n\pi}{2}=\begin{cases}\frac{4A}{n\pi}, & n=1,3,5,\cdots\\ 0, & n=2,4,6,\cdots\end{cases}$$

该方波最终展开成傅氏级数为：

$$x(t)=a_0+\sum_{n=1}^{\infty}A_n\sin(n\omega_0 t+\varphi_n)=\frac{4A}{\pi}\left[\sin\omega_0 t+\frac{1}{3}\sin 3\omega_0 t+\frac{1}{5}\sin 5\omega_0 t+\cdots\right]$$

其幅频谱和相频谱分别为：

$$A(\omega)=A_n=\sqrt{a_n^2+b_n^2}=\sqrt{b_n^2}=\frac{4A}{n\pi},\quad n=1,3,5,\cdots$$

$$\varphi(\omega)=\varphi_n=\mathrm{arctg}\,\frac{a_n}{b_n}=0$$

方波波形图及其频谱图如图 1-4 所示。

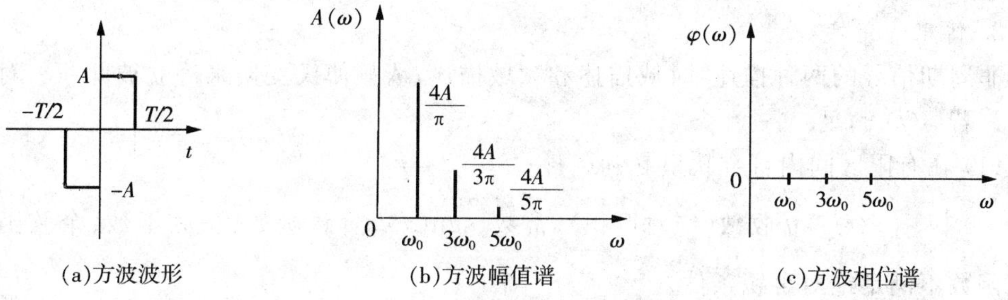

图 1-4　方波信号的波形、幅值谱和相位谱

由以上实例可见，傅里叶级数把一个复杂周期信号表示成为许多正(余)弦信号之和的形式，由于级数中的每一项都对应一个频率分量，并且，既是该分量的时域描述又是频域描述。因此，傅里叶级数本身就是复杂周期信号的频域描述。

1.2.4　非周期信号的频谱

1. 非周期信号概述

两个或两个以上的正、余弦信号叠加，如果任意两个分量的频率比不是有理数，或者说各分量的周期没有公倍数，那么合成的结果就不是周期信号，如下式所表达的就是这样一个信号。

$$x(t)=A_1\sin(\sqrt{3}t+\theta_1)+A_2\sin(3t+\theta_2)$$

这种由没有公共整数倍周期的各个分量合成的信号是一种非周期信号，但是，这种信号的频谱图仍然是离散的，属准周期信号。非周期信号可进一步分为准周期信号和瞬变信号，通常所称的非周期信号是指瞬变信号。最典型的瞬变信号如矩形脉冲信号和单脉冲信号等，如图 1-5 所示。

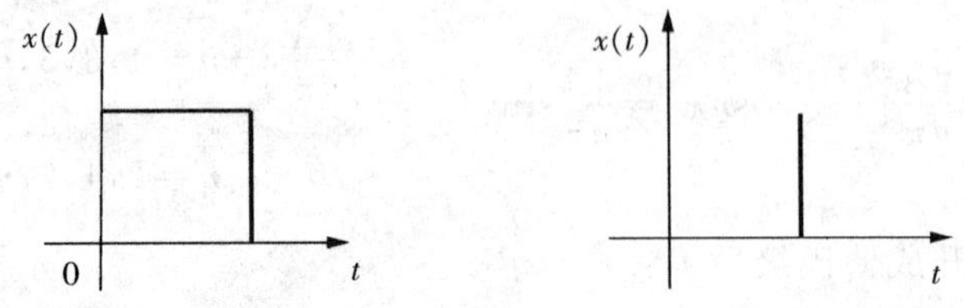

(a)矩形脉冲信号　　(b)单脉冲信号

图 1-5　非周期信号

非周期信号不能用数学上的傅里叶级数分解成许多正弦信号之和，但是其频域描述可以采用从周期信号援引过来的方法加以解决。其思路是把非周期信号仍当做周期信号来看待，只是认为周期信号的周期极大，在无限远处重复。即周期信号频谱谱线的最小频率间隔为 $\Delta\omega=\omega_0=2\pi/T$，当周期 T 趋于无穷大时，其频率间隔趋于无穷小，所以非周期信号的频谱是连续的。在周期信号中，对离散频率分量求和采用级数和，演变到非周期信号中，对连续频率分量求和则要使用积分和，因此，对应于周期信号的傅里叶级数将变为非周期信号的傅里叶积分。

2. 傅里叶变换

非周期信号的两种描述：时域描述和频域描述，依赖傅氏变换来确立彼此一一对应的关系。若 $x(t)$ 满足：

(1) 在有限区间内符合狄里赫利条件；

(2) $\int_{-\infty}^{+\infty}|x(t)|\mathrm{d}t$ 收敛(绝对可积)(常数、$\mathrm{sgn}(x)$、阶跃函数、正弦函数、余弦函数等周期函数不满足绝对可积条件)。

则傅氏变换存在：

$$X(f)=\int_{-\infty}^{+\infty}x(t)\mathrm{e}^{-j2\pi ft}\mathrm{d}t\text{，}\quad\text{或}\quad X(\omega)=\int_{-\infty}^{+\infty}x(t)\mathrm{e}^{-j\omega t}\mathrm{d}t$$

其逆变换为：

$$x(t)=\frac{1}{2\pi}\int_{-\infty}^{+\infty}X(f)\mathrm{e}^{j2\pi ft}\mathrm{d}f\text{，}\quad\text{或}\quad x(t)=\frac{1}{2\pi}\int_{-\infty}^{+\infty}X(\omega)\mathrm{e}^{j\omega t}\mathrm{d}\omega$$

其中 $j^2=-1$。

3. 非周期信号的连续幅值谱与连续相位谱

非周期信号的时域描述，如把 T 看成整个过程，则与周期信号没有什么区别，计算特征参量则将 T 趋向无穷求其极限。

直角坐标与极坐标的关系式为：

$$x=r\cos\theta,\qquad y=r\sin\theta$$

及欧拉公式：

$$e^{j\theta}=\cos\theta+j\sin\theta$$

则复数为：

$$Z=x+jy=r(\cos\theta+\sin\theta)=re^{j\theta}$$

所以复函数 $X(\omega)$ 可写成：

$$X(\omega)=P+jQ=|X(\omega)|e^{j\varphi(\omega)}$$

其中，$|X(\omega)|$ 为信号 $x(\omega)$ 的连续幅值谱；$\varphi(\omega)$ 为 $x(\omega)$ 的连续相位谱。

4. 傅里叶变换的时移特性

若 $x(t)\Longleftrightarrow X(\omega)$

则 $x(t\pm t_0)\Longleftrightarrow X(\omega)e^{\pm j\omega t_0}$

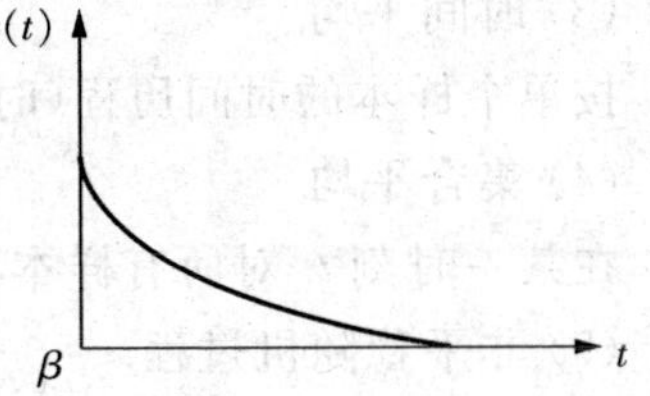

例 2　求指数衰减函数的频谱。

$$x(t)=\begin{cases}\beta e^{-\alpha t}, & t>0,\alpha>0\\ 0, & t<0,\alpha>0\end{cases}$$

解：

$$X(\omega)=\int_{-\infty}^{\infty}x(t)e^{-j\omega t}dt=\int_0^{\infty}\beta e^{-\alpha t}e^{-j\omega t}dt$$

$$=\int_0^{\infty}\beta e^{-(\alpha+j\omega)t}dt=\frac{\beta}{(\alpha+j\omega)}=\frac{\beta\alpha}{\alpha^2+\omega^2}-j\frac{\beta\omega}{\alpha^2+\omega^2}$$

$$|X(\omega)|=\sqrt{X_R^2(\omega)+X_I^2(\omega)}=\frac{\beta}{\sqrt{\alpha^2+\omega^2}}$$

$$\varphi(\omega)=\mathrm{arctg}\frac{X_I(\omega)}{X_R(\omega)}=\mathrm{arctg}\frac{-\omega}{\alpha}$$

$$X(\omega)=|X(\omega)|e^{j\varphi(\omega)}=\frac{\beta}{\sqrt{\alpha^2+\omega^2}}e^{j\,\mathrm{arctg}\frac{-\omega}{\alpha}}$$

其频谱图如图 1-6 所示。

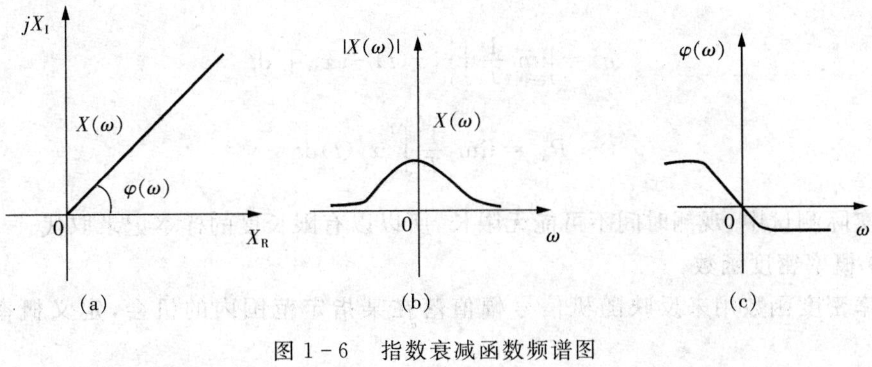

图 1-6　指数衰减函数频谱图

1.2.5 随机信号

1. 基本概念

随机信号不能用精确关系式来描述，任一观测值只代表其可能的结果之一，但其值的变动服从统计规律。所以，描述随机信号要用概率统计的方法。

(1) 样本函数

对一个随机现象进行多次长时间观测，可以得到无限多个随时间变化的信号历程，其中任一信号历程称为样本函数。

(2) 样本记录

一般的观测总是在有限时间段上进行的，这时的样本函数则称为样本记录。

(3) 时间平均

按单个样本的时间历程(时间轴)进行平均。

(4) 集合平均

在某一时刻 t_i 对所有样本函数值(观测值)进行平均。

(5) 非平稳随机过程

如果在某观测时间 t_i 计算到的总体平均参数值随 t_i 改变而改变，这样的过程称为非平稳随机过程。

(6) 平稳随机过程

统计参数不随时间 t_i 而变化，也就是说平稳随机过程的观测时间的起点可以是任意的。对平稳随机过程，如果所有样本函数在固定时刻的统计特性(集合平均特性)和单一样本在长时间内的统计特性(时间平均特性)是一致的，则称这类平稳随机过程为各态历经过程。

各态历经过程的所有统计特性可以用单个样本函数上的时间平均来计算，这就使得信号的分析与处理简单多了。一般情况下，在工程上遇到的随机信号很多是具有或近似具有各态历经性。

2. 统计特征参数(各态历经过程)

(1) 均值、方差、均方值

$$x_{\mathrm{av}}=\lim_{T\to\infty}\frac{1}{T}\int_0^T x(t)\,\mathrm{d}t$$

$$\sigma_{\mathrm{x}}^2=\lim_{T\to\infty}\frac{1}{T}\int_0^T\left[x(t)-x_{\mathrm{av}}\right]^2\mathrm{d}t$$

$$P_{\mathrm{av}}=\lim_{T\to\infty}\frac{1}{T}\int_0^T x^2(t)\,\mathrm{d}t$$

在实际测试中，观测时间不可能无限长，所以以有限长度的样本记录取代。

(2) 概率密度函数

概率密度函数用来反映随机信号幅值落在某指定范围内的机会，定义概率密度函数为：

$$p(x) = \lim_{\Delta x \to 0} \frac{P[x < x(t) < x + \Delta x]}{\Delta x}$$

概率密度函数定量给出了随机信号在幅值域上的概率统计分布规律，可借此识别被测信号的性质，如图 1－7 所示。

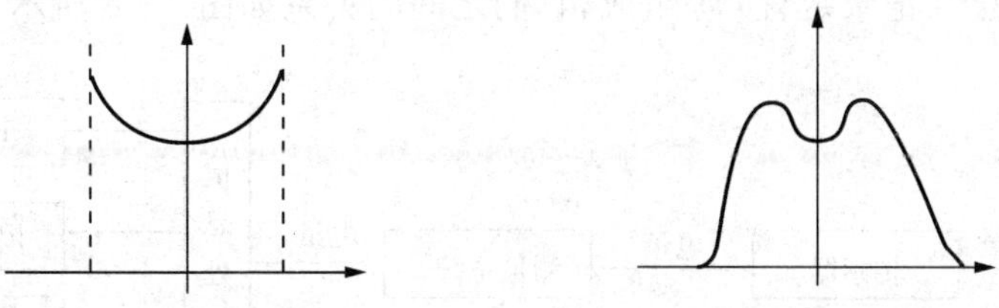

(a)正弦信号　　(b)正弦加随机噪声

图 1－7　信号函数图像

3. 相关函数

在实际工程实验中，经常要研究一对变量之间的关系，如载荷与应变之间的对应关系是线性相关、非线性相关，还是不相关，这些经典的相关概念常用于静态数据处理。如果把相关概念推广到动态测试之中，考虑一个随机过程两个不同时刻值的相关性 → 自相关函数。考虑两个(或几个)随机过程信号之间的一般相关程度 → 互相关函数。自相关函数特别有助于用来检测混淆在随机现象中的确定性周期信号，而互相关函数提供了不同信号之间的许多有用信息。

4. 功率谱估计

功率谱估计在随机信号处理中有着极其广泛的应用，功率谱是平稳随机过程在频域描述各偏离成分概率分布情况的基本特征量。功率谱估计又分为经典功率谱估计或称为非参数方法和现代功率经典功率谱估计，或称为参数方法。

经典功率谱估计通常是以离散傅氏变换为基础，采用 FFT 快速算法。现代谱估计法，其基本思想是在进行谱估计的过程中，对所观测的有限数据以外的数据不作任何确定性假设，在对这些数据如何产生具有一定经验知识的基础上，采取外推或预测的方法，从观测的数据推求 $n \geqslant N$ 以后的数据。在这种情况下，首先必须寻求一个产生随机信号的模型，通过观测数据把模型的参数估计出来，进而求得所需的功率谱。所以参数法是基于相互参数模型的功率谱估计方法，这种方法既不需要加窗，又不对数据作任何假设，从而可避免功率泄漏，提高分辨率。

因为在工程上功率比幅值往往有着更为实用的物理含义，所以功率谱分析在工程上有广泛的应用。

1.3　测量系统及其基本特性

1.3.1　测量系统的任务和组成

测试的主要任务是从被测信号中获取所需的特征信息，因此除了获得信号外，还需要对干扰信号进行削弱或去除，对有用信号进行放大和分析。一般来说，一个测试系统应具有如下功能,即将被测对象置于预定状态下,并对被测对象所输出的特征信息进行拾取、转换、放大、分析处理、显示记录等。

由于测试的目的和要求不同,被测量不同,因此测试系统的组成也各不相同。按照信息流的过程来划分,一个测试系统大体上由信息的获取(传感器)、信息的转换(测量电路)和信息的显示(显示、记录装置)等组成,它们之间的关系如图 1-8 所示。

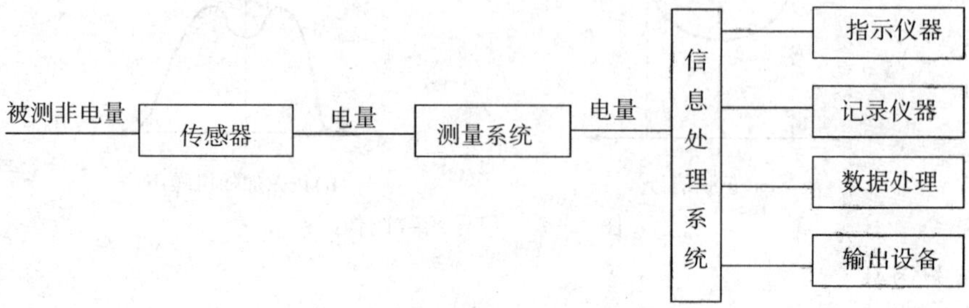

图 1-8　测量系统的组成

应当指出的是,并非所有的测试系统都具备图 1-8 中所有环节,事实上,许多被测系统的特征参数在系统的某些状态下,已充分显出来,因此,并不一定需要完全具有上述各环节装置[3]。

1. 传感器的作用

将感受到的非电量转换成电量,以便进一步放大、记录或显示。传感器由两部分组成:一部分是直接承受非电量作用的机械零件或专门设计的弹性元件;另一部分是敏感元件(如应变片等)。

2. 测量系统的作用

把传感器的输出量转变成电压或电流信号,以便能在指示仪或记录仪中记录。测量电路的类型常由传感器的类型而定,如电阻式传感器需要采用电桥电路把电阻值变成电流或电压输出,所以它是信号的转换部分。

3. 信息处理系统的作用

对测量系统输出的微弱电信号进行放大、补偿(线性、温度、材质等)、数学运算、模数转换(A/D 转换)等信息处理工作。信息处理工作靠各种模拟电路来实现,现在多采用计算机来处理。

4. 显示与记录系统的作用

用于模拟量的显示和记录,显示出经过信息处理系统处理后的被测机械量的数值,并用曲线记录或用数字打印。此数值有的用被测量的绝对值表示,也有的用被测机械量与给定值的差值即偏差表示[4]。

1.3.2　线性测量系统的特性

1. 测量系统的基本特性

(1) 线性系统

测量系统的构成如图 1-9 所示。

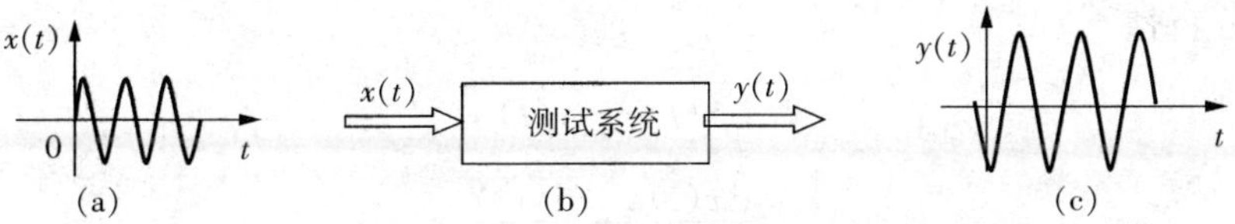

图 1-9　测量系统的构成

理想的测试装置应该具有单值的、确定的输入-输出关系，即对应于每一输入 $x(t)$，都应只有单一输出 $y(t)$ 与之对应，其中以输出和输入呈线性关系为最佳。当装置的输入 $x(t)$ 和输出 $y(t)$ 的关系可以用常系数线性微分方程表示：

$$a_n \frac{\mathrm{d}^n y(t)}{\mathrm{d}t^n} + a_{n-1} \frac{\mathrm{d}^{n-1} y(t)}{\mathrm{d}t^{n-1}} + \cdots + a_1 \frac{\mathrm{d}y(t)}{\mathrm{d}t} + a_0 y(t) =$$

$$b_m \frac{\mathrm{d}^m x(t)}{\mathrm{d}t^m} + b_{m-1} \frac{\mathrm{d}^{m-1} x(t)}{\mathrm{d}t^{m-1}} + \cdots + b_1 \frac{\mathrm{d}x(t)}{\mathrm{d}t} + b_0 x(t)$$

来描述时，则称该系统为时不变线性装置或称定常线性装置，通常简称线性装置，即线性系统的微分方程式中不包含变量及其各阶导数的非一次幂项。如果线性系统方程中各系数在工作过程中，不随时间和输入量的变化而变化，则称该系统为线性时不变系统。

（2）测量系统的线性化

实际测量系统存在非线性因素，电子器件特性是非线性的，存在滞后等，很难避免。例如，功率放大器的输出特性就是非线性的，其输出特性如图 1-10 所示。

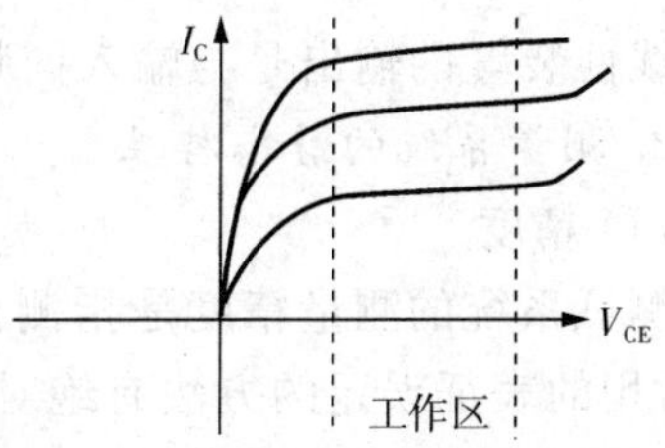

图 1-10　功率放大器的输出特性

在工程上，把测量系统视作线性系统，使问题简化，也能获得足够精确的近似结果。如功率放大器输出特性在工作区范围内就是近似线性的。

（3）线性时不变系统性质

若测试装置的输入 $x(t)$ 和输出 $y(t)$ 的对应关系用 $x(t) \rightarrow y(t)$ 的形式来表示，则定常线性测试装置所具有的主要性质如下：

① 叠加性

若 $$x_1(t) \rightarrow y_1(t), \quad x_2(t) \rightarrow y_2(t)$$

有 $$[x_1(t) + x_2(t)] \rightarrow [y_1(t) + y_2(t)]$$

当多个信号同时输入一个测试装置时，上述方程式同样成立。

② 比例性

若 $x(t) \rightarrow y(t)$，对任意常数 C，有

$$Cx(t) \rightarrow Cy(t)$$

上式表明，测试装置的输入信号扩大 C 倍，输出信号也扩大 C 倍。

③ 微分特性

若 $$x(t) \rightarrow y(t)$$

有 $$\frac{\mathrm{d}x(t)}{\mathrm{d}t} \rightarrow \frac{\mathrm{d}y(t)}{\mathrm{d}t}$$

一个信号求导后的输出为输入这一信号时输出的导数，此特性可推广至多阶。

④ 积分特性

若初始条件为0，$x(t) \rightarrow y(t)$，有

$$\int_0^t x(t)\mathrm{d}t \rightarrow \int_0^t y(t)\mathrm{d}t$$

在零状态下，一个信号积分后的输出为输入这一信号时输出的积分，此特性可以推广至多阶。

⑤ 频率保持特性

当某一简谐信号（正弦或余弦信号）作为线性系统输入时，则其输出信号是一个与输入信号同频率的简谐信号。

若 $$x(t) = A_1 \sin\omega_0 t$$

有 $$y(t) = A_2 \sin(\omega_0 t + \varphi)$$

线性装置的输出是与输入同频率的信号，但在幅值和相位上可以有所变化。

2. 测量系统的静态特性

(1) 精度

测试系统的测量精度是指测试系统的实际测量结果与被测参量真值之间的吻合程度，常用的表征误差的方法有绝对误差、相对误差、引用误差等。

(2) 灵敏度 S

当装置输入一个变化量 Δx 时，使输出产生的变化量 Δy。输出的变化量 Δy 与输入的变化量 Δx 的比值称作装置的灵敏度 S，可表达为：

$$S = \Delta y / \Delta x$$

显然，对于理想的定常线性装置，灵敏度 S 应当是常数，但是，实际中的测试装置一般并不是理想的定常线性装置，其定标曲线不是直线，曲线上各点的斜率（各点的灵敏度）也不是常数。尽管如此，通常是用该曲线的拟合直线斜率来作为实际装置的灵敏度。

灵敏度是一个有量纲的量，其单位取决于输入和输出量的单位。当输入、输出两者单位一致时，灵敏度实际上是一个无量纲的比例常数，这时常称之为“放大倍数”或“增益”等。

灵敏度反映了装置对输入量变化的敏感程度，其值越大表示装置越灵敏。但应注意灵敏度越高，装置的示值稳定性就越差，且测量范围就越窄。

当被测量未变而 S 改变，往往是环境条件引起的灵敏度漂移。例如系统的温度灵敏度越高，“温漂”就越大，相应测量系统的测量范围也越窄，稳定性越差。所以应合理选

择 S。

(3) 非线性度

非线性度(δ_f)是指装置的输出与输入偏离线性关系的程度。反映在图形上为定标曲线偏离拟合直线的程度，其值用在装置的量程范围 A 内，以定标曲线与拟合直线(拟合直线通常采用最小二乘法做出)之间的最大偏 B_{max} 与 A 之比的百分数来确定。非线性度是装置的重要技术指标，其数学表达式如下：

$$\delta_f=\frac{B_{max}}{A}\times 100\%$$

非线性度反映在图形上如图 1-11 所示。

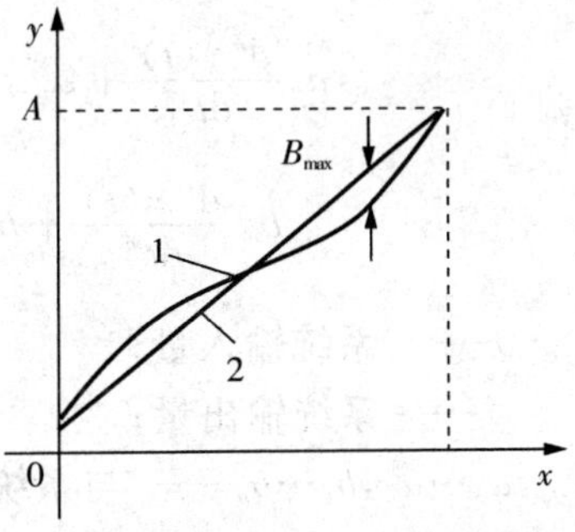

图 1-11　非线性度

1— 定标曲线　2— 拟合直线

(4) 重复性

重复性是指在相同的测量条件下，对同一被测量连续多次进行测量时，其测量结果间的不一致程度，表达式如下：

$$\delta_R=\frac{|\Delta R_{max}|}{A}\times 100\%$$

其中，ΔR_{max} 表示同一输入量对应多次循环的同向行程输出量的最大差值；A 为系统的全量程。

(5) 滞差

理想系统的输入、输出有完全单调的一一对应关系，而实际装置有时会出现同一输入量对应有不同的输出量。

定义　在全量程范围内，当输入由小变大，再由大变小时，对同一输入量得到的两个由输出值之间的最大差值为滞差。

滞差通常用正向、反向输出量的最大偏差 h_{max} 与系统的全量程(A)的比值来表征，表达式如下：

$$\delta_A=\frac{h_{max}}{A}\times 100\%$$

滞差是由滞后现象引起的，滞后在材料磁化和受力变形过程中都可能发生。图形表示滞差，如图 1-12 所示。

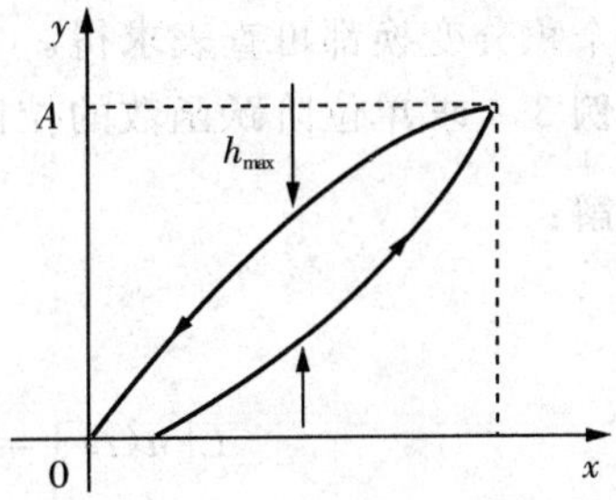

图 1-12　滞差图

3. 测量系统的动态特性

测量系统对于输入量随时间变化的响应特性称为测量系统的动态特性。动态特性与静态特性的区别是：动态特性中输出量和输入量的关系不是一个定值，而是一个时间的函数，并且随输入信号的频率而变化。表征测量系统动态特性的指标常有频域指标和时域指标。频域指标可由幅频特性和相频特性求得，主要有固有角频率 ω_n、工作频带 ω_g 和相位 φ 等；时域指标可由阶跃响应特性求得，主要有上升时间 t_r、响应时间 t_s 和超调量 $M\%$ 等。

一般认为，测试系统在所考虑的测量范围内是线性系统，因此，可以用线性时不变系统微分方程来描述测试系统输入 $x(t)$、输出 $y(t)$ 之间的关系。本节介绍的传递函数、频率响应函数和脉冲响应函数是在不同的时域描述线性系统传输特性的方法，其中频率响应函数是系统动态特性的频域描述，脉冲响应函数是系统动态特性的时域描述。

(1) 传递函数

测量系统的动态特性的数学模型可用常系数线性微分方程式描述。方程式的一般形式为：

$$a_n \frac{\mathrm{d}^n y(t)}{\mathrm{d}t^n} + a_{n-1} \frac{\mathrm{d}^{n-1} y(t)}{\mathrm{d}t^{n-1}} + \cdots + a_1 \frac{\mathrm{d}y(t)}{\mathrm{d}t} + a_0 y(t) =$$

$$b_m \frac{\mathrm{d}^m x(t)}{\mathrm{d}t^m} + b_{m-1} \frac{\mathrm{d}^{m-1} x(t)}{\mathrm{d}t^{m-1}} + \cdots + b_1 \frac{\mathrm{d}x(t)}{\mathrm{d}t} + b_0 x(t)$$

式中　x—— 系统输入量；

y—— 系统输出量；

$a_0 \cdots a_n, b_1 \cdots b_n$—— 与系统结构参数有关的常量。

传递函数定义为在初始条件为零时，系统输出量的拉氏变换与输入量的拉氏变换之比。对上式进行拉氏变换，并认为输入 $x(t)$ 和输出 $y(t)$ 及各阶导数的初始值为零，则得到拉氏变换。

若一个确定的时间函数 $f(t)$ 满足：

① A 在 $t \geqslant 0$ 的任一有限区间上分段连续；

② B 在 t 充分大后，满足 $|f(t)| \leqslant Me^{Ct}$，其中 M、C 为实常数，

则 $f(t)$ 的拉氏变换存在。定义为：

$$F(s) = L[f(t)] = \int_0^{\infty} f(t) \mathrm{e}^{-st} \mathrm{d}t$$

其中，算子 $s = \sigma + j\omega$ 为复变量。拉氏反变换为：

$$f(t) = L^{-1}[F(s)] = \int_{\sigma - j\infty}^{\sigma + j\infty} F(s) \mathrm{e}^{st} \mathrm{d}s$$

这两个积分变换都可查表求得。

例 3　求单位阶跃函数的拉氏变换。

解：

$$u(t) = \begin{cases} 0, & t < 0 \\ 1, & t \geqslant 0 \end{cases}$$

$$L[u(t)] = \int_0^{\infty} 1 \cdot \mathrm{e}^{-st} \mathrm{d}t = \left[-\frac{1}{s} \mathrm{e}^{-st} \right]_0^{\infty} = \frac{1}{s}$$

传递函数定义为：系统输出 $y(t)$ 的拉氏变换 $Y(s)$ 与输入 $X(t)$ 的拉氏变换 $X(s)$ 之比。即

$$H(s)=\frac{Y(s)}{X(s)}$$

$H(s)$ 只反映系统的响应特性，而与具体的物理结构无关。同一个传递函数可能表征着两个完全不同的物理系统，它们具有相似的传递特性。

对线性时不变系统，其运动规律可用线性微分方程描述：

$$a_n y^{(n)}(t)+a_{n-1}y^{(n-1)}(t)+\cdots+a_0 y(t)=b_m x^{(m)}(t)+b_{m-1}x^{(m-1)}(t)+\cdots+b_0 x(t)$$

一般 $n\geqslant m$。因为线性时不变系统的叠加性，所以只需研究单段输入。最常见的测试系统有零阶、一阶和二阶系统（指输出、输入都为零阶）。

① 零阶：运动质量与阻尼可忽略不计的系统，即

$$a_0 y(t)=b_0 x(t)\Rightarrow y(t)=kx(t)$$

其中，增益 $k=\frac{b_0}{a_0}$。

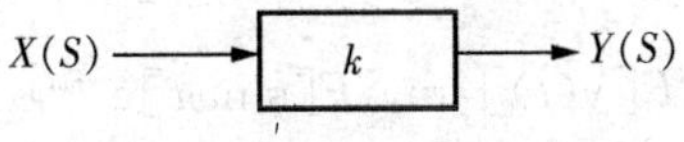

对零阶系统的微分方程两边同时进行拉氏变换，得：$H(S)=Y(S)/X(S)=k$。

② 一阶：运动质量较小，加速度不大的系统，即

$$a_1 y'(t)+a_0 y(t)=b_0 x(t)\Rightarrow \tau y'(t)+y(t)=kx(t)$$

其中，时间常数 $\tau=\frac{a_1}{a_0}$；增益 $k=\frac{b_0}{a_0}$。同理，两边同取拉氏变换得：

$$\tau sY(s)+Y(s)=kX(s)\Rightarrow H(s)=\frac{Y(s)}{X(s)}=\frac{k}{\tau s+1}$$

③ 二阶：测试仪器属于二阶系统的最为常见，即

$$a_2 y''(t)+a_1 y'(t)+a_0 y(t)=b_0 x(t)\Rightarrow y''(t)+2\zeta\omega_n y'(t)+\omega_n^2 y(t)=\omega_n^2 kx(t)$$

其中，稳态增益 $k=\frac{b_0}{a_0}$；固有角频率 $\omega_n=\sqrt{\frac{a_0}{a_2}}$；阻尼比 $\zeta=\frac{a_1}{2\sqrt{a_0 a_2}}$。取拉氏变换：

$$s^2 Y(s)+2\zeta\omega_n sY(s)+\omega_n^2 Y(s)=\omega_n^2 kX(s)\quad 若\ k=1$$

$$\Rightarrow H(s)=\frac{Y(s)}{X(s)}=\frac{\omega_n^2}{s^2+2\zeta\omega_n s+\omega_n^2}$$

（2）频率响应函数

① 求法：拉氏变换算子 $s=\sigma+j\omega$，形式上，若以 $s=j\omega$ 代入系统传递函数表达式，就得到频率响应函数，即

$$H(j\omega)=\frac{Y(j\omega)}{X(j\omega)}$$

② 实际含义：频响函数是在正弦信号激励下，系统达到稳态后，输出的傅氏变换与输

入的傅氏变换之比。

当输入为正弦信号：$x(t)=x_0\sin\omega t$

由线性系统频率保持特性，可得输出：

$$y(t)=y_0\sin(\omega t+\varphi)$$

稳态后，其相移 $\varphi=-\omega t_0$，如图 1-13 所示。

则输出可写为：

$$y(t)=y_0\sin\omega(t-t_0)$$

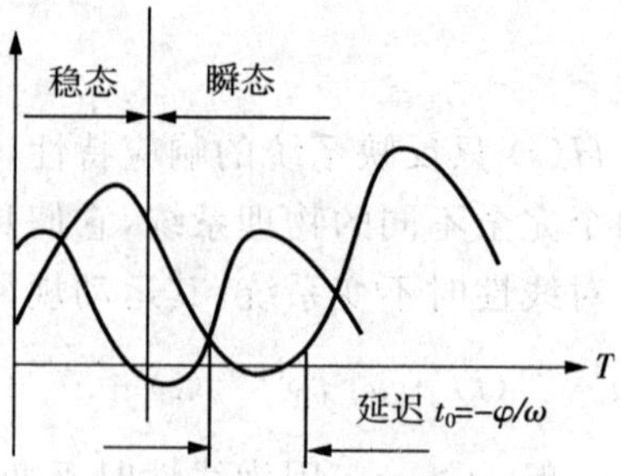

图 1-13　频响图

对输入和输出分别取傅氏变换：

$$F[x(t)]=x_0F[\sin\omega t]$$

$$F[y(t)]=y_0F[\sin\omega(t-t_0)]$$

由傅氏变换的时移特性，$F[x(t\pm t_0)]=F[x(t)]e^{\pm j\omega t_0}$，可得输出傅氏变换：

$$F[y(t)]=y_0F[\sin\omega t]e^{-j\omega t_0}$$

所以频响函数为：

$$H(j\omega)=\frac{F[y(t)]}{F[x(t)]}=\frac{y_0F[\sin\omega t]e^{-j\omega t_0}}{x_0F[\sin\omega t]}=\frac{y_0}{x_0}e^{-j\omega t_0}=A(\omega)e^{j\varphi(\omega)}=P+jQ$$

则

$$A(\omega)=\sqrt{P^2+Q^2}\Rightarrow \text{幅频特性}$$

$$\varphi(\omega)=\operatorname{arctg}\frac{Q}{P}\Rightarrow \text{相频特性}$$

幅频特性和相频特性共同构成 $y(t)$ 的动态特性。

4. 求频谱与动态特性区别

用傅氏级数求周期函数的频谱与用傅氏变换求非周期函数的频谱和用频响函数求 $y(t)$ 的动态特性，三者存在如下区别：

(1) 形式和意义上的区别

① 周期函数（幅值和相角）

傅氏级数法：

$$\begin{cases}A=\sqrt{a_n^2+b_n^2}\\ \varphi=\operatorname{arctg}\dfrac{a_n}{b_n}\end{cases}$$

是由三角关系确定：$a_n\cos n\omega t+b_n\sin n\omega t\Rightarrow A\sin(n\omega t+\varphi)$。

② 非周期函数（模和幅角）

傅氏变换法：

$$\begin{cases}A=\sqrt{X_R^2+X_I^2}\\ \varphi=\operatorname{arctg}\dfrac{X_I}{X_R}\end{cases}$$

如图 1-14 是由复平面确定：

$X(f)=X_R+jX_I$　或 $H(j\omega)=P+jQ$

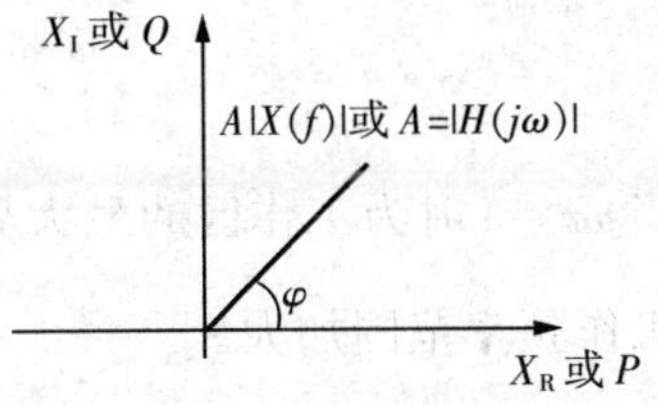

图 1-14　非周期函数

③ 动态特性(输出输入幅值比和稳态后相移)

频率响应函数：$\begin{cases}A=\sqrt{P^2+Q^2}\\ \varphi=\text{arctg}\,\dfrac{Q}{P}\end{cases}$

前两者为求信号本身频谱结构，后者为求信号输入输出前后在幅值和相位上产生的变化。

(2) 求动态特性与求频谱在作法上的区别

① 求频谱：周期函数将信号展开成傅氏级数，求幅值和相角。非周期函数对信号直接作傅氏变换，求模和幅角。

② 求动态特性：通过求信号的频响函数，得到信号输出输入的幅值比和相移。可以有两种方法得到频率响应函数：一种是对输出输入信号分别作傅氏变换，再求其比值；另一种是对输出输入信号分别作拉氏变换，求其比值(即传递函数)，再将算子 S 以 $j\omega$ 代入。

(3) $H(j\omega)$ 与 $H(s)$ 实质上的区别

① $H(s)$ 描述的是整个响应过程，对输入信号不限；

② $H(j\omega)$ 描述的是稳态响应，输入信号是正弦激励。

(4) 一阶系统的动态特性

一阶系统的动态特性取决于时间常数 τ，τ 越小，不失真工作频率的范围越宽，这一点可从系统的频率响应函数看出，如图 1-15 所示。

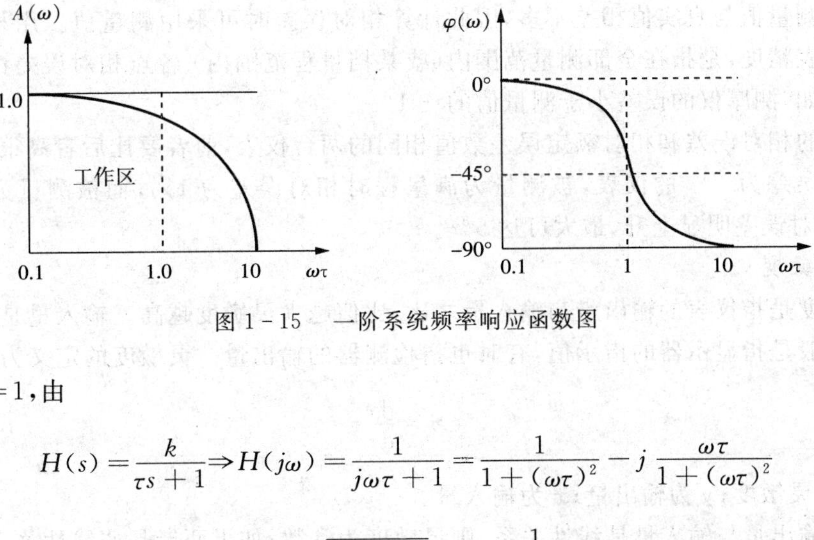

图 1-15　一阶系统频率响应函数图

令 $k=1$，由

$$H(s)=\frac{k}{\tau s+1}\Rightarrow H(j\omega)=\frac{1}{j\omega\tau+1}=\frac{1}{1+(\omega\tau)^2}-j\,\frac{\omega\tau}{1+(\omega\tau)^2}$$

所以
$$A(\omega)=\sqrt{P^2+Q^2}=\frac{1}{\sqrt{1+(\omega\tau)^2}}$$

$$\varphi(\omega)=\mathrm{arctg}\,\frac{Q}{P}=\mathrm{arctg}(-\omega\tau)$$

当 $\omega\tau=1$ 时为工作区的最大界限值，对此界限值有：$\omega=\frac{1}{\tau}$，$\tau\downarrow\Rightarrow\omega\uparrow$。即当 τ 下降，不失真工作频率范围加大。

1.4 测量系统的主要技术指标

1. 仪表的量程

量程是指仪表测量范围的指标（上下限范围），例如，100～1250T（指力）或 0.1～8mm（指尺寸）。

2. 准确度

准确度又称精度，它是表示仪表测量误差的性能指标。准确度的表示方法有相对额定误差、绝对误差和相对误差三种。

$$\text{相对额定误差}=\frac{\text{绝对误差的最大值}}{\text{相对误差的最大值}}\times 100\%$$

绝对误差是指仪表的量程范围内各点测量误差都不超过某一个值。例如，测径仪的误差小于 ±0.01mm；测长仪的误差小于 0.1mm。这种表示方法很容易换算成相对额定误差。

相对误差是指某点的绝对误差和该点的真实值之比。可表示为：

$$\text{相对误差}=\frac{\text{绝对误差}}{\text{真实值}}\times 100\%$$

由于测量值与真实值相差不多，因此计算相对误差时可采用测量值。用相对误差表示测量仪表精度，是指在全部测量范围内（或某挡量程范围内）各点相对误差都不超过某个值。例如，测厚仪的误差小于测量值的 ±1%。

仪表的相对误差和相对额定误差数值相同的两台仪表，前者要比后者高很多。例如，相对额定误差为 1% 的仪表，被测量为满量程时相对误差为 1%，而被测量为满量程的 20% 时相对误差明显上升，最大可达 5%。

3. 灵敏度

灵敏度是指仪表的输出量与输入量之比，比值越大灵敏度越高。输入量是机械量，而输出量一般是指显示器的指示值，有时也指检测器的输出量。灵敏度的定义为：

$$S=\frac{\mathrm{d}y}{\mathrm{d}x}$$

其中，S 为灵敏度；y 为输出量；x 为输入量。

如果输出量与输入量是线性关系，则灵敏度为常数；如果两者是非线性关系则灵敏度为变量。

4. 迟滞

迟滞亦称"滞后量"、"滞后"或"滞环"，表征测量系统在全量程范围内，输入量由小到大(正行程)或由大到小(反行程)两者静态特性不一致，如图 1-16 所示[5]。

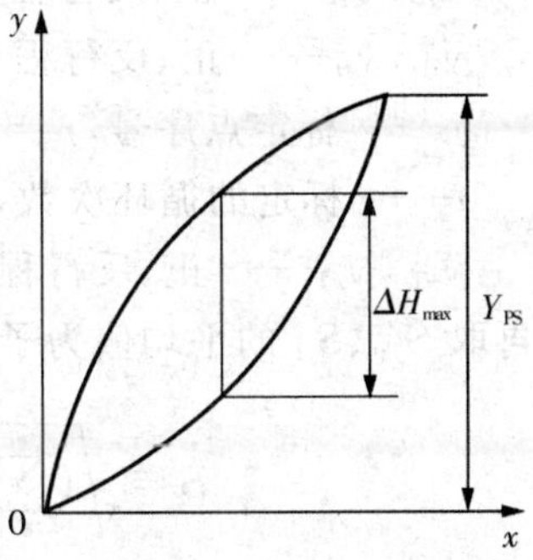

图 1-16　迟滞

产生滞后的原因是测试系统中运动部分的外摩擦、变形材料的内摩擦以及磁性材料的磁滞等。对于测量系统来说，希望滞后越小越好。为了减少滞后，应该尽量减少摩擦面，并对变形零件进行热处理和稳定化处理。

其值用引用误差形式表示：

$$\delta_H = \frac{|\Delta H_m|}{Y_{FS}} \times 100\%$$

式中　$|\Delta H_m|$—— 同一输入量对应正、反行程输出量的最大差值；

Y_{FS}—— 测量系统的满值度。

5. 噪声

噪声是指仪表输出量为零时，仪表的显示器指示值围绕零点抖动的宽度。一般噪声用显示的输入量表示，例如多少毫伏。

6. 稳定性

定义为仪表的输入量为零时，在某段时间，仪表的指示值偏离零点的误差，稳定性有时也称漂移。

7. 重复性

表征测量系统输入量按同一方向作全量程连续多次变动时，静态特性不一致的程度。用引用误差形式表示：

$$\delta_R = \frac{\Delta R}{Y_{FS}} \times 100\%$$

式中　ΔR—— 同一输入量对应多次循环的同向行程输出量的绝对误差。

重复性是指标定值的分散性，是一种随机误差，可以根据标准偏差计算 ΔR，即

$$\Delta R = KS/\sqrt{n}$$

式中　S—— 子样标准偏差；

K—— 置信因子。

$K=2$ 时，置信度为 95%；$K=3$ 时，置信度为 99.73%。

按贝塞尔公式计算子样的标准偏差 S：

$$S_{jD} = \sqrt{\frac{1}{n-1}\sum_{i=1}^{n}(y_{jiD} - \bar{y}_{jD})^2}, \quad S_{jI} = \sqrt{\frac{1}{n-1}\sum_{i=1}^{n}(y_{jiI} - \bar{y}_{jI})^2}$$

式中 S_{jD}，S_{jI}—— 正、反行程各标定点输出量的标准偏差；

$\bar{y}_{jD}$，$\bar{y}_{jI}$—— 正、反行程各标定点输出量的平均值；

j—— 标定点序号，$j=1,2,3,\cdots,m$；

i—— 标定的循环次数，$i=1,2,3,\cdots,n$；

y_{jiD}，y_{jiI}—— 正、反行程各标定点输出值。

再取 S_{jD}、S_{jI} 的平均值为子样的标准偏差 S，又平均值 $\bar{y}_j$ 的标准偏差 $S(\bar{y}_j)$ 为：

$$S=\sqrt{\left(\sum_{i=1}^{m}S_{jI}^{\ 2}+\sum_{j=1}^{m}S_{jD}^{\ 2}\right)\frac{1}{2m}},\quad S(\bar{y}_j)=\frac{S}{\sqrt{n}}$$

还有一种方法是极差法，也可以用来计算。重复性情况如图 1－17 所示。

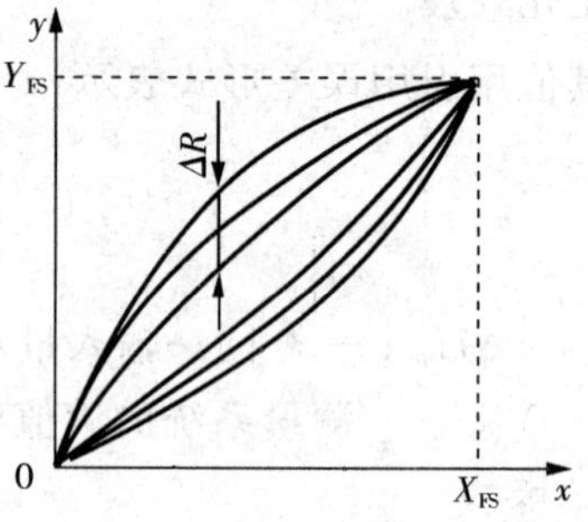

图 1－17 重复性

8. 响应时间

响应时间是动态性能指标，表示仪表测量速度的快慢，是一项十分重要的性能指标。特别是用作自动控制生产过程的机械量过程仪表，一般多要求测量速度快。响应时间的定义不统一，原则上定义从测量开始到仪表显示出被测量值为止的一段时间。

1.5 实现不失真测试的条件

设有一个调试系统，其输出 $y(t)$ 与输入 $x(t)$ 满足关系 $y(t)=A_0x(t-t_0)$。其中，A_0、t_0 都是常数，此式表明该测试系统的输出波形与输入信号的波形精确地一致，只是幅值放大了 A_0 倍，在时间上延迟了 t_0。在这种情况下，认为测试系统具有不失真的特性，据此来考察测试系统不失真测试的条件[6]，如图 1－18 所示。

若有测试装置满足关系：$y(t)=A_0x(t-t_0)$，则表明输入、输出波形一致，只是幅值放大 A_0 倍，时间延迟 t_0 而已。

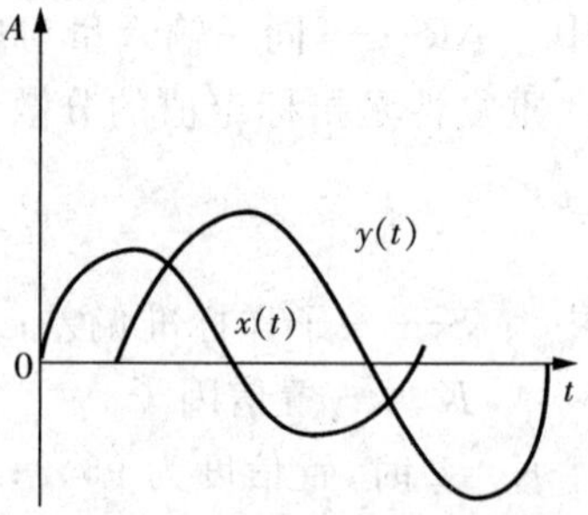

图 1－18 系统不失真条件

为求频率响应函数，对上式作傅氏变换得：

$$Y(j\omega)=A_0\mathrm{e}^{-j\omega t_0}X(j\omega)$$

则

$$H(j\omega)=\frac{Y(j\omega)}{X(j\omega)}=A_0\mathrm{e}^{-j\omega t_0}$$

所以得不失真条件：

$$\begin{cases} A(\omega) = A_0 \\ \varphi(\omega) = -\omega t_0 \end{cases}$$

即幅频特性为常量，相频特性为线性。故结论如下：

(1) 对一阶系统，τ 越小越好。

(2) 对二阶系统，在$\zeta=0.6\sim0.8$时，若$(\omega/\omega n)\leqslant0.58$，则$A(\omega)$波动$<5\%$，$\varphi(\omega)$也接近直线。

习　题

1. 信号按时间函数关系描述可分为哪几类？周期信号与非周期信号的区别在哪里？

2. 周期信号的频谱特性有哪几点？

3. 简述线性时不变系统性质。

4. 简述测量系统静态特性指标。

5. 求单位冲击函数频谱

$$\delta_{(t)} = \begin{cases} \infty & t = 0 \\ 0 & t \neq 0 \end{cases}, \quad \int_{-\infty}^{\infty} \delta_{(t)}\,\mathrm{d}t = 1$$

第2章 传感器及其输出信号的处理

在讨论传感器及其输出信号的处理之前，需要先了解在轧制过程中参数测量的一些基本特点。

轧制过程中的测量参数可以分为下面三种类型：

(1) 轧机的负荷参数，包括：主传动负荷参数(电压、电流、速度、功率和频率)；轧制负荷参数(轧制力、轧制力矩、弯辊力和平衡力)。

(2) 主要附属设备的过程参数，包括：加热炉参数(区域温度、空气与燃料的比例和板坯推进速度)；除鳞水参数(压力和流量)；轧辊冷却水参数(压力、流量、黏度和温度)；带钢冷却水参数(压力、流量和温度)。

(3) 轧制产品参数，包括：几何参数(厚度、宽度、长度、侧弯、凸度、平直度和带卷内径)；冶金参数(温度和表面条件)。

2.1 传感器的定义与分类

1. 传感器定义

传感器为将被测物理量 → 相对应的、易检测、传输、处理的信号的装置。例如，将力、位移、速度、温度 → 电压、电流。

2. 传感器组成

敏感元件(完成预变换) + 转换元件(非电量⇒电量)，如电阻应变式传感器。但有些传感器二者合一，如变极距型电容传感器，如图 2-1 所示。

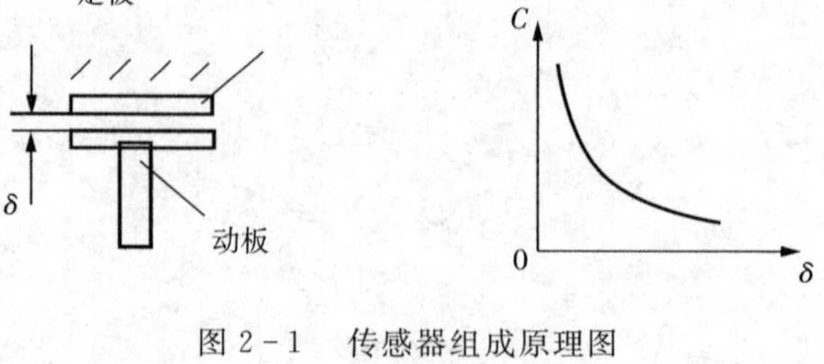

图 2-1 传感器组成原理图

极板上电容 C 与极板间距 δ 和极板面积 A 之间关系为：$C=\frac{\varepsilon_0\varepsilon_r A}{\delta}$。

3. 分类

在轧制中常使用的传感器通常是根据测量参数来进行分类的，见表 2－1。

表 2－1　传感器分类

传感器类型	传感器图例	测量参数
力传感器	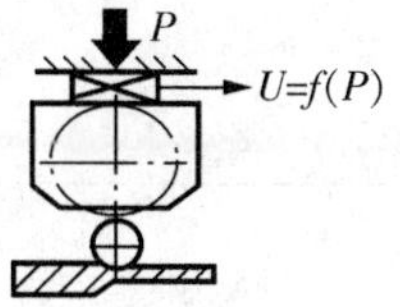	测量轧制力，也称为测压仪或测力传感器
压力传感器	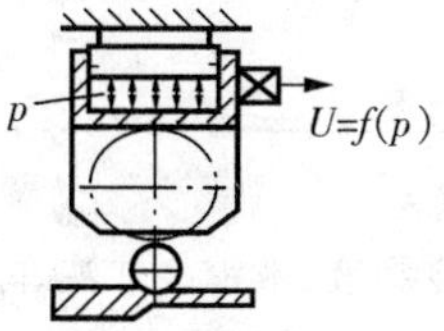	液压系统、气压系统、轧辊冷却系统、带钢冷却系统以及除鳞系统中的压力
力矩传感器	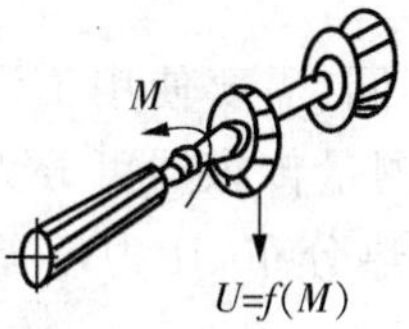	测量轧制力矩、接轴扭矩
应力应变传感器	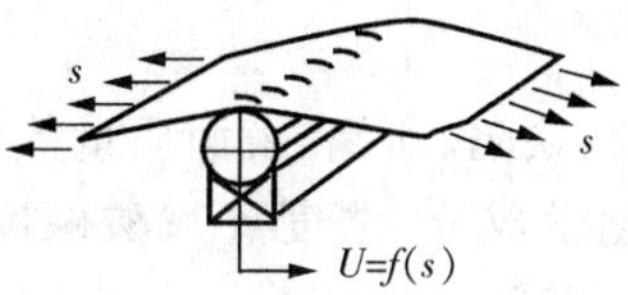	测量轧机设备，如轧机牌坊等的应力和应变、带钢张力、带钢平直度、牌坊立柱应变
位移传感器	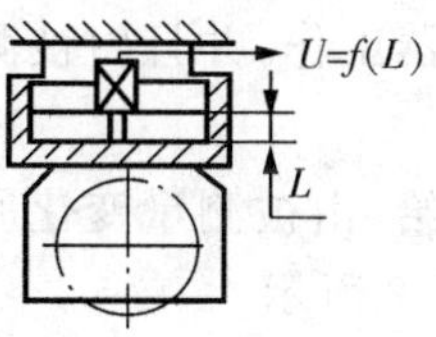	测量液压缸、气压缸度、压下机构、侧导板的位置
尺寸传感器	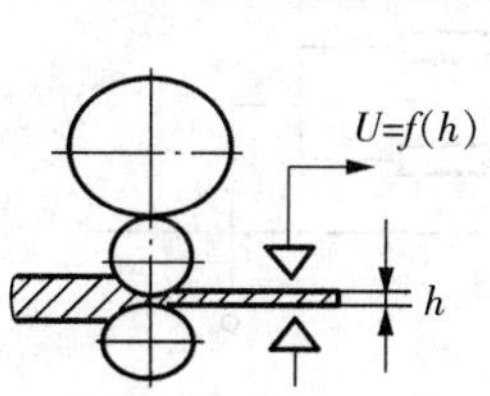	测量厚度、宽度、长度、平直度、平面形状等轧制产品参数

（续表）

传感器类型	传感器图例	测量参数
运动传感器	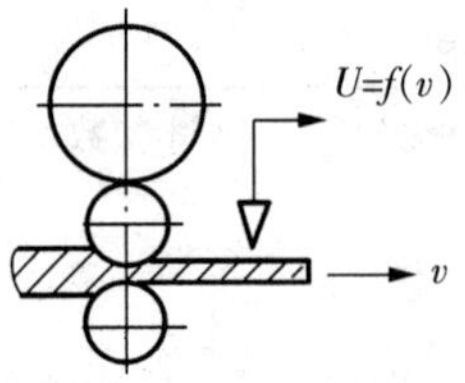	测量电机速度、轧辊速度、带钢速度、加速度和振动
温度传感器	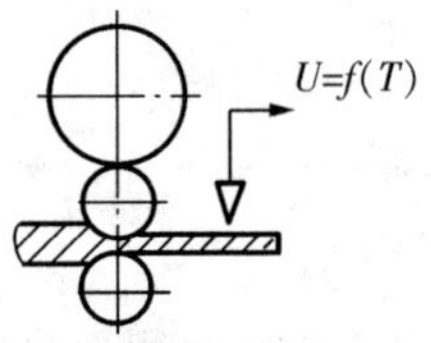	测量加热炉、轧辊及轧件的温度
流体流量传感器	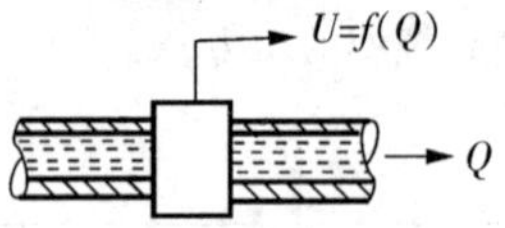	测量轧辊冷却液、带钢冷却液、除鳞冷却水的流量

根据传感器应用的对象、测量范围、周围环境等不同，需要使用不同的传感器，因而有各种各样的传感器。传感器的分类方法有多种，按被测量传感器可分为：

（1）热工量传感器。温度、热量、质量热容、热流、热分布；压力压差、真空度；流量、流速、风速、物位等传感器。

（2）机械量传感器。位移、尺寸（长度、宽度、厚度、角度）、形状；力、力矩、应力、质量、转速、线速度、振动、加速度、噪声等传感器。

（3）状态传感器。颜色、透明度、磨损量、裂纹、缺陷、泄漏、表面质量等传感器。

（4）物性传感器和成分量传感器。成分量（化学成分、浓度等）；酸碱度、盐度、浓度、黏度、密度等传感器。

按能量传递方式可分为能量转换型和能量控制型。前者直接由被测对象输入能量使其工作（如热电偶）；后者由外部供给辅助能量使传感器工作，并且由被测量来控制外部供给能量的变化。

例如电阻应变式传感器，电桥工作能源由外部供给，由被测量变化所引起的电阻变化 U_1 控制电桥的失衡程度。电阻应变片及电桥如图 2－2 所示。

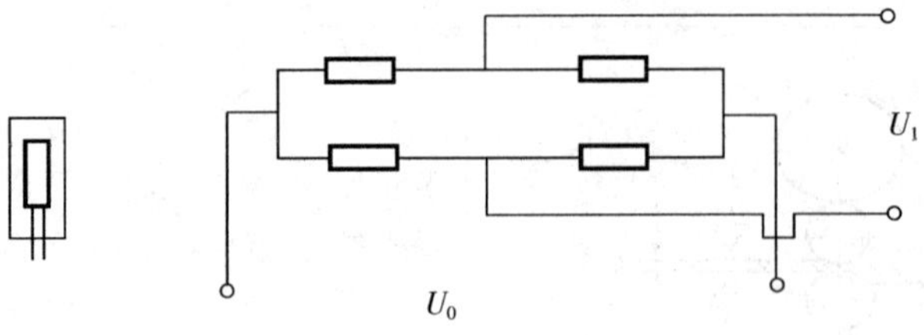

（a）电阻应变片　　（b）电桥

图 2－2　电阻应变片及其电桥图

此外，还可以按传感器工作原理分机械式、电器式、光学式等。

2.2 电阻式传感器

目前常用于轧制检测的是电阻式传感器，它是利用一定的方式，将被测量的变化转化为敏感元件电阻值的变化，进而通过电路变成电压或电流信号输出的一类传感器。可用于各种机械量和热工量的检测，它的结构简单，性能稳定，成本低廉，因此，在许多行业得到了广泛应用[4]。

2.2.1 电阻应变式传感器基本原理

根据应变片的质地，主要有金属丝和半导体两类。下面分别介绍其工作原理。

(1) 半导体电阻应变式传感器

它是依靠半导体的压阻效应工作的。压阻效应是指单晶半导体材料沿某一轴向受到外力作用时，其电阻率发生变化的现象。

例如，P 型硅在晶向 $<111>$ 电阻率为 7.8 Ω·cm，而受力后其电阻率将改变。

$$\text{灵敏系数}=\frac{\frac{\mathrm{d}R}{R}}{\varepsilon}=175 \longrightarrow \frac{\mathrm{d}R}{R}=175\varepsilon$$

最常用的半导体电阻材料有硅和锗，掺入杂质可形成 P 型或 N 型半导体。

(2) 金属电阻应变片工作原理

其工作原理是基于金属电阻丝的电阻-应变效应。设一圆截面金属导线，其电阻为：

$$R=\rho\frac{L}{A}=\rho\frac{L}{\pi r^2}$$

当受力拉伸时，导线几何尺寸及电阻率均发生变化。当 L、A、ρ 分别有增量 $\mathrm{d}L$、$\mathrm{d}A$、$\mathrm{d}\rho$ 时，引起的电阻增量为：

$$\mathrm{d}R=\frac{\partial R}{\partial L}\mathrm{d}L+\frac{\partial R}{\partial A}\mathrm{d}A+\frac{\partial R}{\partial \rho}\mathrm{d}\rho=\frac{\rho}{\pi r^2}\mathrm{d}L+(-2\frac{\rho L}{\pi r^3}\mathrm{d}r)+\frac{L}{\pi r^2}\mathrm{d}\rho$$

$$=\frac{\rho L}{\pi r^2}(\frac{\mathrm{d}L}{L}-2\frac{\mathrm{d}r}{r}+\frac{\mathrm{d}\rho}{\rho})=R(\frac{\mathrm{d}L}{L}-2\frac{\mathrm{d}r}{r}+\frac{\mathrm{d}\rho}{\rho})$$

由材料力学，$\frac{\mathrm{d}L}{L}=\varepsilon$ 为线应变，$1\mu\varepsilon=10^{-6\varepsilon}$，$1\mu\varepsilon$ 相当于长度 1m 的试件变形为 1μm 时的变形量。$\frac{\mathrm{d}r}{r}$ 为横向应变，且 $\frac{\mathrm{d}r}{r}=-\mu\frac{\mathrm{d}L}{L}$，其中 μ 为材料的泊桑比。而 $\frac{\mathrm{d}\rho}{\rho}=\lambda\sigma=\lambda E\varepsilon$，其中 λ 为压阻系数，σ 为轴向正压力，E 为材料弹性模量。

将以上关系代入 $\mathrm{d}R$ 的表达式，得

$$\frac{dR}{R}=\varepsilon+2\mu\varepsilon+\lambda E\varepsilon=(1+2\mu+\lambda E)\varepsilon$$

其中$(1+2\mu)\varepsilon$ 项是由电阻丝几何尺寸改变引起的，对同一材料，$(1+2\mu)$ 为常数。$\lambda E\varepsilon$ 项是由于电阻丝电阻率随应变的改变而引起的。对金属丝来说，λE 很小，可忽略不计。所以，dR 表达式可简化为：

$$\frac{dR}{R}\approx(1+2\mu)\varepsilon=K_0\varepsilon$$

K_0 称为金属丝的灵敏系数，以上由单根导线推出的，实际影响因素要更复杂一些。因此灵敏系数 K 要由实验求得，即对金属丝应变片有：

$$\frac{dR}{R}=K\varepsilon$$

2.2.2　电阻应变片的结构和类型

电阻应变片的结构如图 2-3 所示，由敏感栅、引线、基底和覆盖层组成。

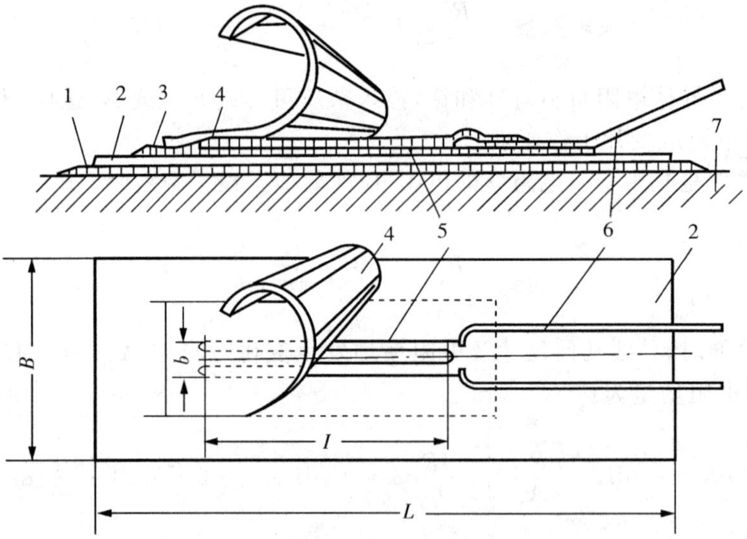

图 2-3　电阻应变片的组成

1、3— 黏结层　2— 基底　4— 覆盖层　5— 敏感栅　6— 引线　7— 试件

结构为：基底 + 敏感栅（金属丝或金属箔片经光刻腐蚀而成）+ 覆盖层。

电阻应变片种类繁多，可按不同角度进行分类。按其工作原理可分为变阻器式（电位器式）、电阻应变式、固态压阻式三种，如按敏感栅材料进行分类，见表 2-2 所列。

表 2-2　按敏感栅材料分类表

电阻	形式	材料		
应变片	金属式	体型	丝式	纸基
				胶基
			箔式	
		薄膜型		
	半导体式	体型		
		薄膜型		
		扩散型		
		PN 结及其他型		

2.2.3　电阻应变片的工作特性

1. 灵敏系数 K

由

$$\frac{\mathrm{d}R}{R}=K\varepsilon \quad \longrightarrow \quad K=\frac{\frac{\mathrm{d}R}{R}}{\varepsilon}=\frac{\frac{\Delta R}{R}}{\varepsilon}$$

即 K 由应变片的电阻变化率和弹性元件的线应变确定。

2. 横向效应

应变片的金属丝栅如图 2-4 所示。拉伸时金属丝栅轴向伸长，横向缩短。轴向应变 ε，横向应变 $-\mu\varepsilon$，横向应变抵消了部分轴向应变引起的电阻增加值，使测得的应变值减少。这种现象称为横向效应。横向效应系数 $H=1\%\sim3\%$，高质量片 $H=0.3\%$。

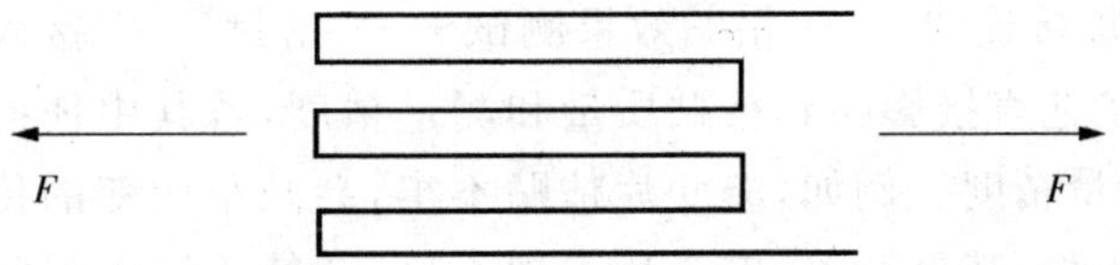

图 2-4　应变片受力

3. 温度效应

由环境温度变化引起的应变片电阻值变化的现象，成为温度效应，即

$$\left(\frac{\Delta R}{R}\right)_t=\alpha\Delta t$$

其中 α 为应变片的温度系数。所以由温度引起的虚假应变为：

$$\varepsilon_t=\frac{\left(\frac{\Delta R}{R}\right)_t}{K}=\frac{\alpha\Delta t}{K}$$

为消除温度效应引起的测量误差,实测时要考虑进行温度补偿。

4. 动态响应特性

应变片在测量频率较高的动态应变时,应变是以应变波的形式在材料中传播的,它的传播速度与声波相同。对于钢材,$v=5000\mathrm{m/s}$。

当应变波在敏感栅长度方向上传播时,只有在应变波通过敏感栅全部长度后,应变片所反映的波形经过一定时间延迟才能达到该应变波的最大值。

5. 应变片的其他动态参数

主要有温度效应、应变极限、绝缘电阻、零点漂移以及蠕变等。

2.2.4 应变片的粘贴

应变片是用黏结剂粘贴在试件上,因此应变片的粘贴技术是保证测量精度和测量工作正常进行的关键环节,必须精心操作和严格检查。

1. 黏结剂的作用

一是制造应变片时,它将敏感栅牢牢地固定在基底上;二是测试时,它将应变片牢牢地粘贴在被测试件的表面上。在外力作用下,试件产生的应变通过试件与应变片基底之间的黏结剂以及基底与敏感栅之间的黏结剂传递给敏感栅,使之与试件一起变形。由此可见,传送变形的准确度首先取决于黏结剂。同时,在相当程度上黏结剂还影响着应变片的一些工作特性,如线性、滞后、零漂、蠕变、灵敏系数等。

黏结剂的选择必须考虑粘贴对象(应变片和试件)、粘贴条件(常温或加热)、使用场合(温度、湿度、测试时间长短等)以及试验要求等,此外还应注意,黏结剂要与应变片基底材料相适应。

2. 黏结工艺

黏结工艺是实验成功的重要部分,在轧钢现场工作时一般的粘贴工艺流程如下:使用抛光机打磨金属表面 —— 砂纸打磨(主要作用是去除毛刺)—— 丙酮酒精清洗 —— 贴片(粘贴应变片)—— 焊接连线 —— 粘贴效果测试 —— 密封 —— 接入测量仪器。

应变片的粘贴工艺直接影响到粘贴质量和测量精度,若其中任何一道工序质量未能保证,都要影响到测量精度。例如,应变片粘贴不牢,会减小应变的传递;导线焊接不牢,易造成应变仪指针不稳,甚至断路;应变片防护不好,会使绝缘电阻降低等。贴片大多数靠手工操作,用力大小、黏结剂厚薄等全靠实践去体会和摸索。

粘贴工艺随应变片基底、黏结剂和测量要求不同而异,如黏结剂、固化剂、防潮剂等,种类繁多,应根据实际条件通过试验选择。

2.3 其他常用传感器

在轧制测试过程中除电阻式传感器之外,常用的传感还有电容式传感器、电感式传感器、压电式传感器、压磁式传感器、磁电式传感器等。

2.3.1　电容式传感器

在忽略边缘效应的情况下，应力应变和电容的关系，如下式：

$$C=\frac{\varepsilon_0\varepsilon_r A}{\delta}$$

由上式可知，当被测量 δ、A、ε_r 发生变化时，都会引起电容变化。如果仅改变其中一个参数，另外两个参数保持不变，就可以把该参数数值量的变化转换为电容量的变化，通过相应配套电路可将电容变化转换为电信号输出。根据电容器参数变化的特点，电容式传感器可分为变极距型、变极板面积型和变介质型三种。其中，变极距型和变极板面积型应用较为广泛。

(1) 变极距型电容传感器

变极距型电容传感器原理如图 2-5 所示，平行极板中一个极板固定不动，另一个电极与被测对象相连。

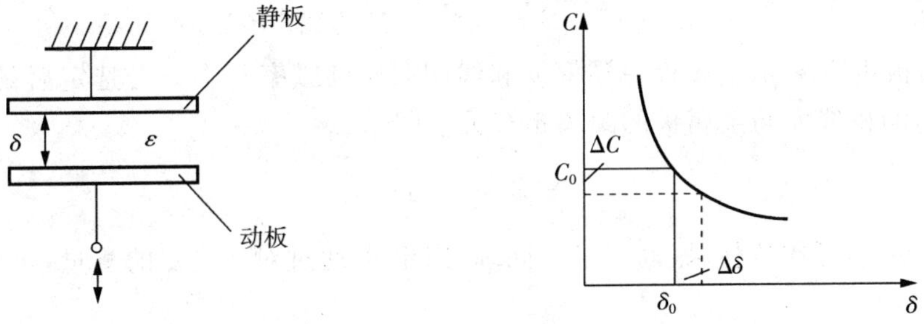

(a)原理图　　(b)特性曲线

图 2-5　变极距型电容传感器

通过电容改变获得该参数变化情况，从而有改变极板间距 → 变极距型。

(2) 变极板面积型电容传感器和变介质型电容传感器

改变极板面积 → 变面积型 { 角位移型；线位移型，改变介电常数 → 变介电常数型。；差动型 }

其原理如图 2-6 所示。

(a)角位移型　　(b)线位移型　　(c)差动型　　(d)变介电常数型

图 2-6　电容传感器变化

电容式传感器广泛用于位移、振动、角速度、压力等机械量测量，以及差压、液位、料位等参数测量。

2.3.2 电感式传感器

电感式传感器可分为自感型(可变磁阻式、涡电流式)和互感型。

(1) 可变磁阻式

自感 $L=\frac{W^2}{R_m}$,式中 W 为线圈匝数,R_m 为磁阻。而 $R_m=f(\delta)$,所以 $L=f_1(\delta)$。

位移间隙 δ 有限制,如图 2-7 所示,$\delta\uparrow\Rightarrow$ 非线性误差↑,所以适用于小位移的测量。

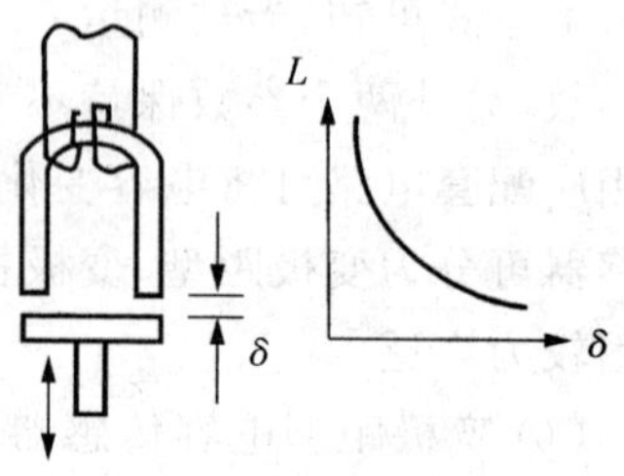

图 2-7 可变磁阻式原理图

(2) 涡电流式

如图 2-8 所示,其原理是利用金属导体在交流磁场中的涡电流效应,交变磁通 Φ 产生涡电流 i_1,涡电流产生交变磁通 Φ_1,由楞次定律可知,Φ_1 与 Φ 方向相反,总是抵抗 Φ 的改变,所以原线圈的等效阻抗 Z 受 Φ_1 的影响。即

$$Z=f(\Phi_1)=f_1(\delta,\rho,\mu,\omega)$$

而金属板电阻率 ρ、金属板磁导率 μ 和线圈激磁圆频率 ω 在设备选定后是常数,所以阻抗 Z 只与激磁线圈与金属板的距离 δ 有关。即

$$Z=f_2(\delta)$$

所以改变 δ,可作位移、振动测量。同理,固定 δ,通过对 ρ 或 μ 的测量,可作材质鉴别和探伤。

(3) 互感式

如图 2-9 所示,利用电磁感应中的互感现象,得

$$e=-M\frac{\mathrm{d}i_1}{\mathrm{d}t}$$

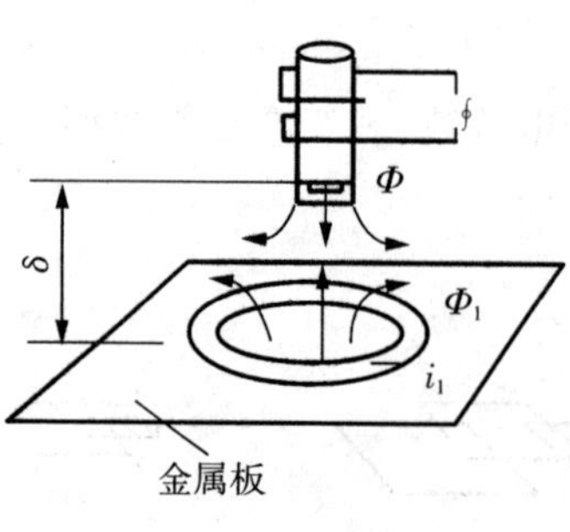

图 2-8 涡电式原理图

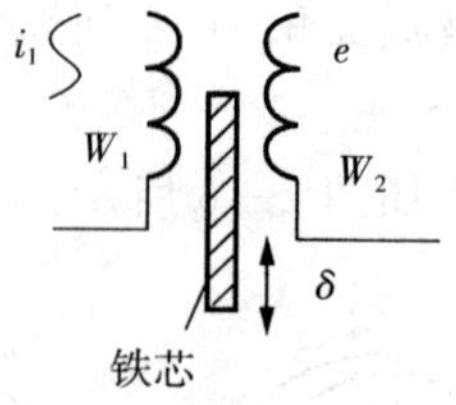

图 2-9 互感式原理图

其中,互感系数 M 的大小与两线圈相对位置及周围介质的导磁能力有关,表明线圈的耦合程度。利用此原理,在线圈位置固定后,将铁芯位移 δ 的变化→互感 M 的变化→电势 e 的变化。即

$$e = f(M) = f_1(\delta)$$

2.3.3　压电式传感器

这是一种可逆式换能器，将机械能 ↔ 电能，可广泛用于压力、加速度的测量。

(1) 压电效应

某些物质如石英、钛酸钙等，当受到外力作用时，不仅尺寸发生变化，而且内部极化，有电荷出现，形成电场。当外力去掉时，又重新回到原来状态，这种现象称为压电效应。

如果将这些物质置于电场中，其几何尺寸也发生变化。这种由外电场作用导致物质的机械变形现象，称作电致伸缩效应。

(2) 压电材料

压电单晶体：如石英、酒石酸钾钠等。多晶压电陶瓷：如钛酸钡、锆钛酸铅等。

(3) 压电传感器

如图 2-10 所示，将石英单晶体切成六面体，晶面分别平行于晶体的光轴 z、电轴 x 和机械轴 y。

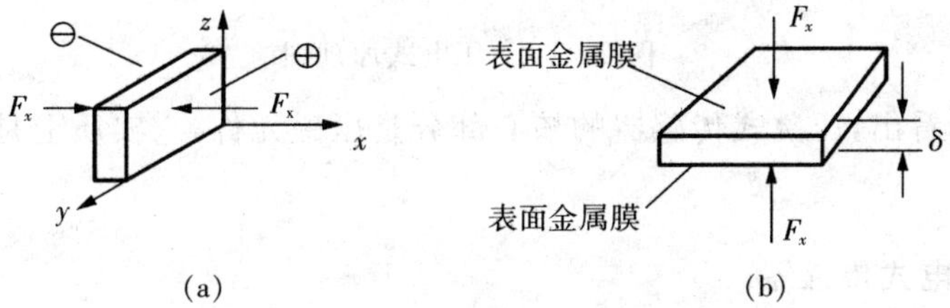

图 2-10　压电式原理图

由图可知，当晶体受到外力作用时，在两个面上产生数量相等而极性相反的电荷。在该两面镀上金属薄膜，便形成电容器。其电容 $C=\frac{\varepsilon A}{\delta}$，$\varepsilon$ 为晶体的相对介电常数，石英晶体 $\varepsilon=4.5$，钛酸钡 $\varepsilon=1200$。

实验证明，在极板上聚集的电荷量与外力 F_x 成正比。即

$$q = DF_x$$

其中，D 为压电常数。显然，只要测得电荷量，就可知外力大小。压电传感器适用于动态测量。

2.3.4　压磁式传感器

压磁式传感器(又称为磁弹性传感器) 由压磁元件 1、弹性支架 2、传力钢球 3 组成。冷轧硅钢片冲压成形，经热处理后叠成一定厚度，用环氧树脂黏合在一起，然后在两对互相垂直的孔中分别绕入激励线圈和输出线圈。压磁元件的输出特性与它的应力分布状况有关，为了在长期使用过程中保证力作用点的位置不变，压磁元件的位置和受力情况不变。采取了下列措施：机架上的传力钢球 3 保证被测力垂直集中作用在传感器上，并具有良好的重复性；压磁元件装入由弹簧钢做成的弹性机架内，机架的两道弹性梁使被测力垂

直均匀地作用在压磁元件上一定的预压力，预压力一般为额定压力的5%～15%；机架与压磁元件的接合面要求具有一定的平面度。

在压力F的作用下，如图2-11所示，A、B区域将受到一定的应力σ，而C、D区域基本上仍处于自由状态，于是A、H区域磁导率基本不变，这样激励组所产生的磁力线将重新分布，部分磁力线绕过C、D区域闭合，于是合成磁场H不再与N34平面平行，一部分磁力线与N34交链而产生感应电动势E。F值越大，与N34交链的磁通越多，E值越大。

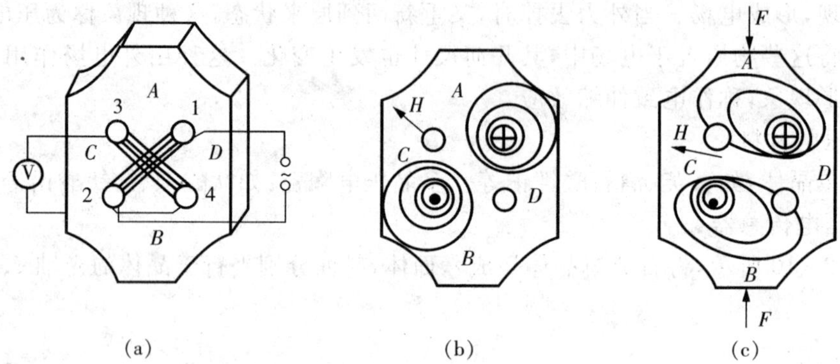

图2-11　压电式原理图

由上述可以看出，压磁式传感器的核心部分是压磁元件，它实质上是一个力/电变换元件[4]。

2.3.5　磁电式传感器

磁电式传感器是把非电量转换成感应电势而输出。若以线圈相对磁场运动的速度v或角速度ω表示，则所产生的感应电动势E为：

$$E=-NBLv$$

$$E=-NBS\omega$$

式中　L——每匝线圈的平均长度；

B——线圈所在磁场的磁感应强度；

S——每匝线圈的平均截面积。

在传感器中，当结构参数确定后，B、L、N、S均为定值，感应电动势E与线圈相对磁场的运动速度（v或ω）成正比，所以这类传感器的基本形式是速度传感器，能直接测量线速度或角速度。如果在其测量电路中接入积分电路或微分电路，那么还可以用来测量位移或加速度。但由上述工作原理可知，磁电感应式传感器只适用于动态测量。变磁通式传感器对环境条件要求不高，能在-150℃～$+90$℃的温度下工作，不影响测量精度，也能在油、水雾、灰尘等条件下工作。但它的工作频率下限较高，约为50Hz，上限可达100Hz[4]。

2.4 传感器信号的一般输出形式与常用处理方法

由于传感器种类繁多,传感器的输出形式也多种多样。例如,尽管同是温度传感器,热电偶随温度变化输出的是不同的电压,热敏电阻则随温度的变化使其阻抗发生变化,而双金属温度传感器则随温度变化输出开关信号[6]。

传感器的输出信号,一般比较微弱,有的传感器输出电压最小仅有 0.1 μV。传感器的输出阻抗都比较高,这样就会使传感器信号输入到测量电路时产生较大的信号衰减。传感器的动态范围很宽,传感器的输出随着输入物理量的变化而变化,但它们之间的关系不一定是线性比例关系。例如,热敏电阻的阻抗随温度按指数函数而变化。传感器的输出量会受温度的影响,有温度系数存在。

根据传感器输出信号的特点,采取不同的信号处理方法来提高测量系统的测量精度和线性度,这是传感器信号处理的主要目的。传感器在测量过程中常掺杂有许多噪声信号,它会直接影响测量系统的精度。因此,抑制噪声也是传感器信号处理的重要内容。

传感器的一般输出形式见表 2-3 所列。

表 2-3 传感器一般输出形式

输出方式	输出变化量	传感器形式
开关信号	机器触点	双金属温度传感器
	电子开关	霍尔开关式集成传感器
模拟信号	电压	热电偶、磁敏元件、气敏元件
	电流	光敏二极管
	阻抗	热敏电阻
	电容	电容式传感器
	电感	电感式传感器
其他类型	频率	谐振式传感器

传感器的信号处理与传感器的接口是互相关联的,往往要将传感器接口电路设计成具有一定信号预处理的功能,经预处理的信号使其成为可供测量、控制及便于向微机输入信号的形式。接口电路对不同的传感器是完全不同的,其典型的应用接口电路,见表 2-4 所列。

表 2-4 应用接口电路

接口电路	信号与处理的功能
阻抗变换电路	在传感器输出为高阻抗的情况下，变换为低阻抗，一边与检测电路准备地拾取传感器输出信号
放大电路	将微弱的传感器输出信号放大
电流电压转换电路	将传感器的电流输出转换成电压
电桥电路	把传感器的电阻、电容、电感变化转换成电流或者电压
频率电压放大器	把传感器输出的频率信号转换成电流或电压
电荷放大器	将电场型传感器输出产生电荷和转换成电压
有效值转换电路	在传感器为交流输出的情况下，转为有效值，变为交流输出
滤波电路	通过低通及带通滤波器消除传感器的噪声部分
线性化电路	在传感器的特性不是线性的情况下，用来进行线性校正
对数压缩电路	当传感器输出信号的动态范围较宽时，用对数电路进行压缩

2.5 信号的放大

传感器的输出信号一般比较微弱，因而在大多数情况下都需要放大电路。放大电路主要用来将传感器输出的直流信号或交流信号进行放大处理，为检测系统提供高精度的模拟输入信号，它对检测系统的精度起着关键作用。

目前检测系统中的放大电路，除特殊情况外，都采用运算放大器构成放大电路。

1. 反相放大器

反相放大器的基本电路，如图 2-12 所示。

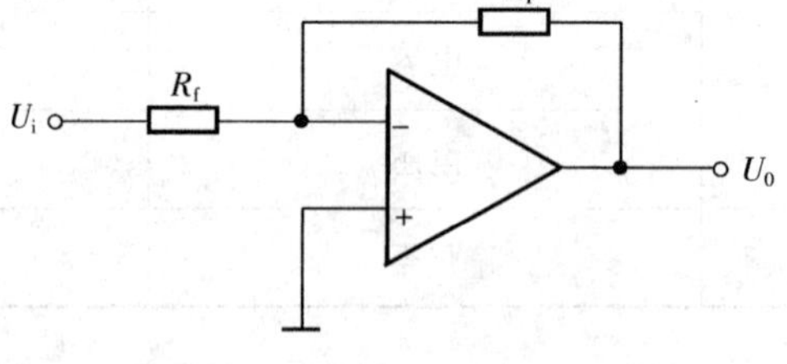

图 2-12 反相放大器的基本电路图

输入电压 U_i 通过电阻 R_i 加到反相输入端，其同相端接地，而输出端电压 U_0 通过电阻 R_F 反馈到反相输入端。反相放大器的输出电压可由下式确定，即

$$U_0 = -\frac{R_F}{R_i}U_i$$

式中的负号表示输出电压与输入电压反相，其放大倍数只取决于 R_F 与 R_i 的比值，具有很大的灵活性，因此反相放大器广泛应用于各种比例计算中。

2. 同相放大器

同相放大器的基本电路，如图 2－13 所示。

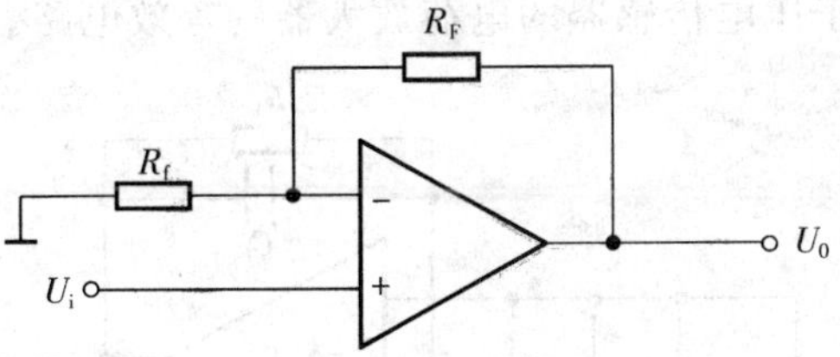

图 2－13　同相放大器的基本电路

输入电压 U_i 直接从同相输入端加入，而输出端电压 U_0 通过 R_F 反馈到反相输入端。同相放大器的输出电压可由下式确定，即

$$U_0=-\frac{R_i+R_F}{R_i}U_i=\left(1+\frac{R_F}{R_i}\right)U_i$$

从上式可以看出，同相放大器的增益也同样取决于 R_F 与 R_i 的比值，这个数值为正，说明输出电压与输入电压同相，而且其绝对值也比反相放大器多 1。

3. 差动放大器

差动放大器的基本电路，如图 2－14 所示。两个输入信号 U_1 和 U_2 分别经 R_1 和 R_2 输入到运算器放大器的反相输入端和同相输入端，输出电压则经 R_F 反馈到反相输入端。

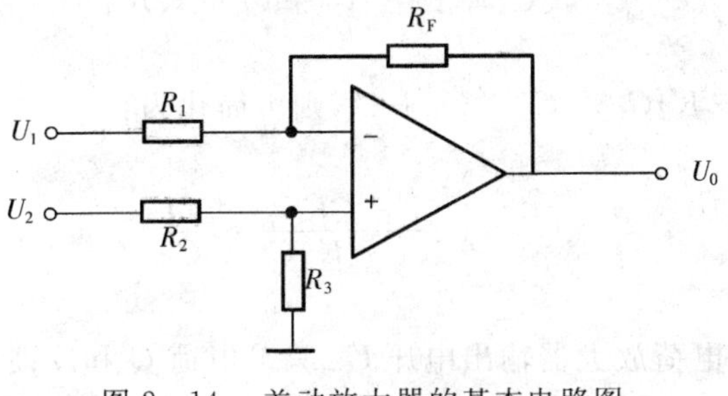

图 2－14　差动放大器的基本电路图

电路中要求 $R_1=R_2$、$R_F=R_3$，差动放大器的输出电压可由下式确定，即

$$U_0=\frac{R_F}{R_i}(U_2-U_1)$$

差动放大器最突出的优点是能够抑制共模信号。共模信号是指在两个输入端所加的大小相等、极性相同的信号，理想的差动放大器对共模输入信号的放大倍数为零。在差动放大器中温度的变化和电源电压的波动，都相当于共模信号，因此能被差动放大器所抑制。可是差动放大器零点漂移最小，来自外部空间的电磁波干扰也属于共模信号，它们也会被差动放大器所抑制，所以说差动放大器的抗干扰能力极强。

4. 电荷放大器

利用压电式传感器进行测量时，压电元件的输出信号是电荷量的变化，配上适当的电容后，它的输出电压可高达几十伏到上百伏，但信号功率却很小，信号源的内阻也很大。

因此，要在压电元件和检测电路之间配接一个放大器。放大器应具有输入阻抗高、输出阻抗低的特点，目前用得较多的是电荷放大器。电荷放大器是一种带电容负反馈的高输入阻抗、高放大倍数的运算放大器，其优点在于可避免传输电缆分布电容的影响。

图 2－15 是一种用于压电传感器的电荷放大器的等效电路。

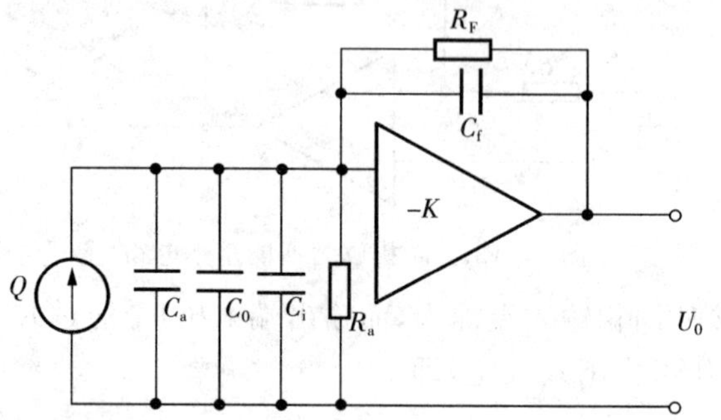

图 2－15　电荷放大器的等效电路

图 2－15 中 K 为运算放大器开环差模放大倍数，C_f 为反馈电容，R_F 为反馈电阻，C_a 为压电传感器等效电容，C_0 为电缆分布电容，R_a 为压电传感器的等效电阻，C_i 为电荷放大器的输入电容。如果忽略较高的输入电阻后，电荷放大器的输出电压可由下式表达，即

$$U_0=\frac{-QK}{C_a+C_0+C_i+(1+K)C_f}$$

由于 K 值很大，故 $(1+K)C_f \geqslant C_n+C_0+C_i$，则可简化为：

$$U_0=-\frac{-QK}{(1+K)C_f}\approx\frac{Q}{C_f}$$

从上式可以看出，电荷放大器输出电压 U_0 只与电荷 Q 和反馈电容有关，而与传输电缆的分布电容无关，说明电荷放大器的输出不受传输电缆长度的影响，为远距离测量提供了方便条件。但是，测量精度却与配接电缆的分布电容 C_0 有关。例如 $C_i=1000\text{pF}$，$K=10000$，$C_n=100\text{pF}$，电缆分布电容如果为 100pF 时，要求测量精度为 1%，则允许电缆的长度约为 1000m；当要求测量精度为 0.1%，则允许电缆的长度仅有 100m。

实际使用的电荷放大器由电荷转换级、适调放大级、低通滤波器组成，如图 2－16 所示。其中电荷转换级将压电元件产生的电荷量转换成为电压的变化，适调放大器可对不同灵敏度的传感器进行适当的补偿，使不同传感器能输出相同的电压信号，低通滤波器可对系统的截止频率进行调节。

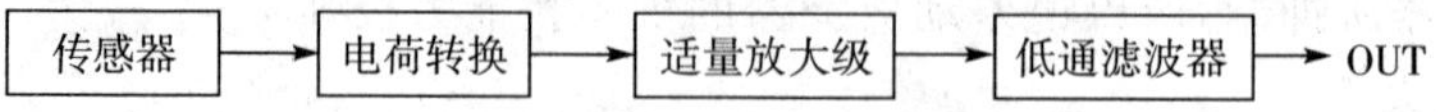

图 2－16　电荷放大器框图

5. 传感器与放大电路配接

(1) 应变片电桥的配接放大电路

图 2－17 是应变片测量电桥与配接的放大电路。其中应变式传感器作为电桥的一个臂，在电桥的输出端接入一个阻抗高、共模抑制作用好的放大电路。当被测物理量引起应变片阻值的变化时，电桥的输出电压也随之变化，以实现被测物理量和电压之间的转换。在一般情况下，电桥的输出电压为毫伏数量级，因此必须加接放大电路。

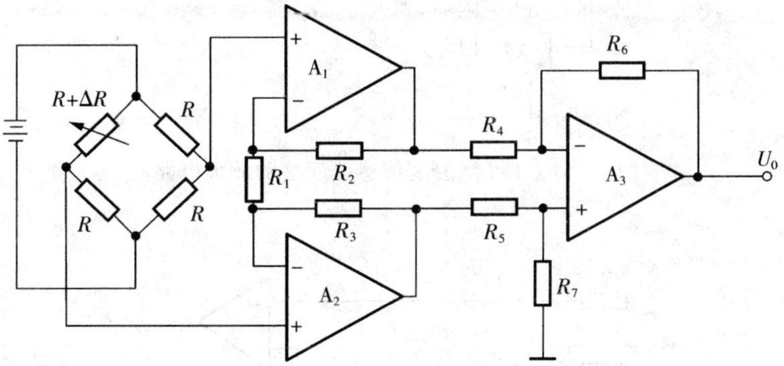

图 2－17　应电片测量电桥与配接放大电路

A_1 和 A_2 是两个同相放大器，A_1 为差动放大器。当放大电路输入电桥产生的检测信号经 A_1 和 A_2 放大后，它们的输出电压将作为差动输入信号给 A_3 进行放大。放大电路的输出电压为：

$$U_0=\left[-\frac{R_6}{R_4}\left(1+\frac{2R_2}{R_1}\right)\right]U_{\mathrm{m}}$$

应该指出，A_3 差动放大器中的四个电阻对精度要求很高，否则将会产生一定的测量误差。在实际应用中，常在 R_7 支路中串联一个电位器，通过调节电位器，可在 A_1 和 A_2 输出相等时，输出电压 U_0 为零。此外，在实际中，电桥电路和放大电路之间往往用电缆进行连接，此时应采用一定的抗干扰措施，使干扰信号得到抑制。

(2)PN 结温度传感器配接的放大电路

如图 2－18 所示，传感器使用硅半导体三极管，基本上为衡流，其中 PN 结温度特性为 －2.2mV/℃。放大电路中的电位器 R_{P1} 和 R_3 用来调节输出电压与温度的对应关系，R_{P2} 和 R_4 用来调节放大倍数。

(3) 热电偶传感器配接的放大电路

图2－19是热电偶传感器配接的放大电路，其中热电偶产生的电动势为放大电路的输入信号。

U_F 为其他电路引入的反馈电压，E 为稳定度较高的电源。调节电路中电位器 R_{P1} 可以改变电桥的不平衡程度，以改变测试仪表的零点；调节 R_{P2} 可以改变反馈深度，因此可以改变测量量程的范围。R_8 是铜线绕制的电阻，利用它的阻值随温度变化来补偿冷端电势的改变。

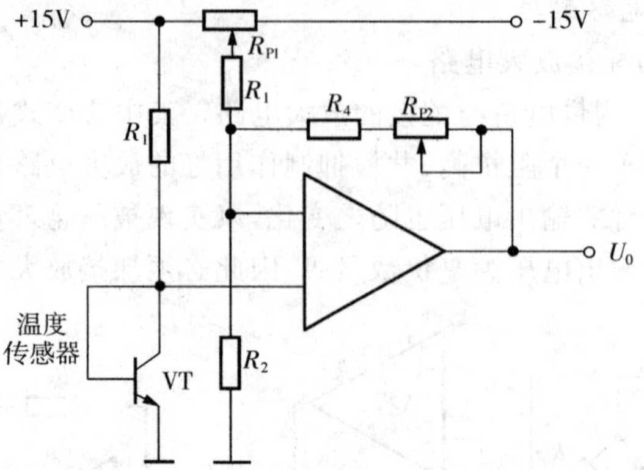

图 2-18 PN结温度传感器配接的放大电路

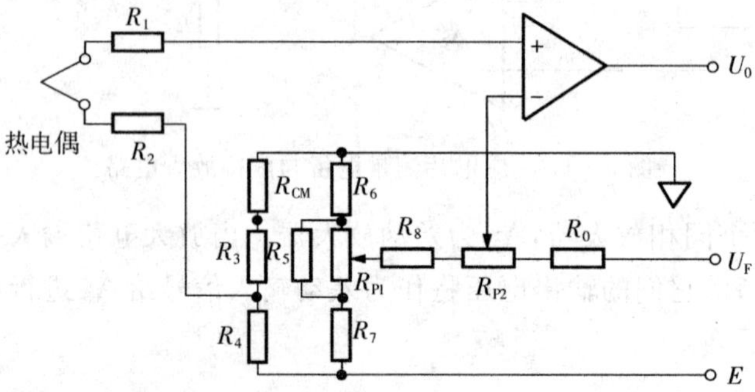

图 2-19 热电偶传感器配接的放大电路

(4) 光敏二极管放大电路

图 2-20 是光敏二极管配接的放大电路，利用光敏二极管作为光电转换元件，配接运算放大器可得到较大的输出电压幅度。放大器接成反相放大器，其中光敏二极管 VD 代替了反相放大器基本电路中的 R_1（见图 3-11）。当有光照射光敏二极管产生电流 I_φ 时，放大器的输出电压为：

$$U_0 = I_\varphi R_F$$

(5) 硅光电池配接的放大电路

图 2-21 是硅光电池配接的放大电路，硅光电池在短路时，其短路电流和光照近似为正比关系，可以将它接到放大电路的两个输入端之间。利用两端电位差接近于零的特点，可以得到输出电压有如下的关系，即

$$U_0 = 2I_\varphi R_F$$

信号放大电路多样，需根据不同的需要作出不同的选择[4]。

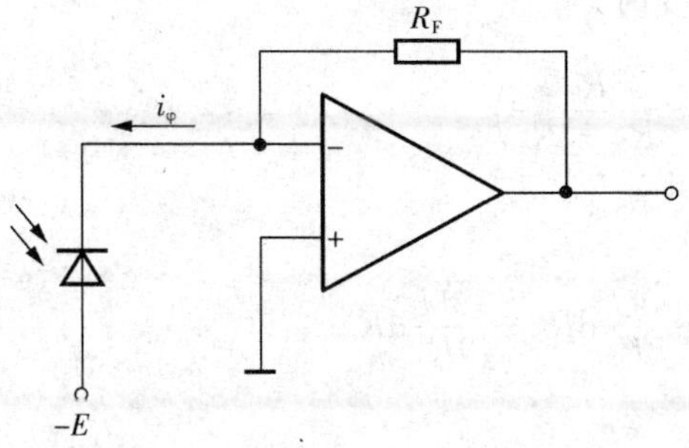

图 2-20　光敏二极管放大电路

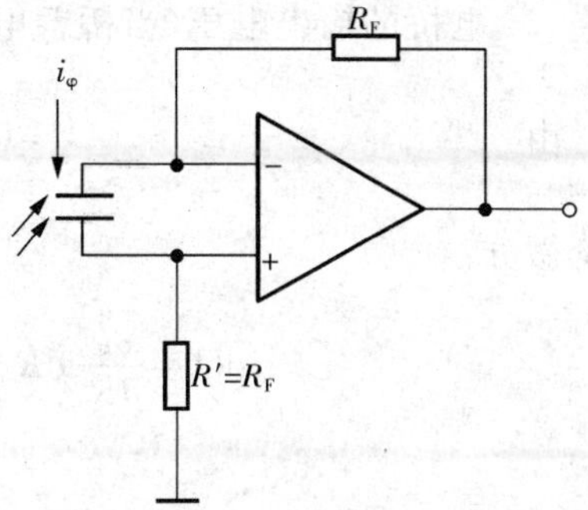

图 2-21　硅光电池配接的放大电路

2.6　电桥电路

常规应变片的灵敏系数 $K=2$，机械应变一般在 $10\mu\varepsilon \sim 3000\mu\varepsilon$ 之间，所以电阻相对变化很小。例如，某传感器弹性元件在额定载荷下产生的应变为 $1000\mu\varepsilon$，则

$$\frac{\Delta R}{R}=K\varepsilon=2\times1000\times10^{-6}=0.002=0.2\%$$

这样的电阻变化，一般测量仪器很难直接测量，必须用专门的电路来精确测量这种微弱的电阻变化。

1. 直流电桥

(1) 电桥的平衡条件

电桥平衡的条件，如图 2-22 所示。

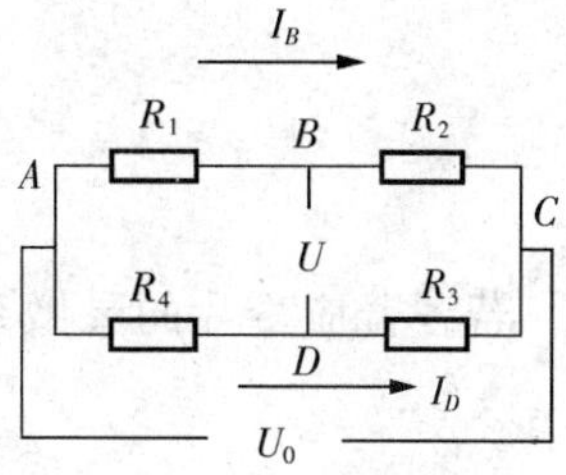

图 2-22　电桥平衡

在 ABC 支路，B 点电位为：

$$U_{AB}=I_BR_1=\frac{U_0}{R_1+R_2}R_1$$

在 ADC 支路，D 点电位为：

$$U_{AD}=I_DR_4=\frac{U_0}{R_3+R_4}R_4$$

则电桥输出电压为：

$$U=U_{DB}=U_{AB}+U_{DA}=U_{AB}-U_{AD}$$

$$=U_0\frac{R_1}{R_1+R_2}-\frac{R_4}{R_3+R_4}=U_0\frac{R_1R_3-R_2R_4}{(R_1+R_2)(R_3+R_4)}$$

所以，当 $R_1R_3=R_2R_4$，即各对臂电阻乘积相等时，电桥输出电压为零，电桥处于平衡状态。

(2) 电桥的输出电压(当桥臂电阻有微小改变时)

由
$$U=U_0\left(\frac{R_1}{R_1+R_2}-\frac{R_4}{R_3+R_4}\right)$$

作全微分:

$$\mathrm{d}U=\frac{\partial U}{\partial R_1}\mathrm{d}R_1+\frac{\partial U}{\partial R_2}\mathrm{d}R_2+\frac{\partial U}{\partial R_3}\mathrm{d}R_3+\frac{\partial U}{\partial R_4}\mathrm{d}R_4$$

而

$$\frac{\partial U}{\partial R_1}\mathrm{d}R_1=\frac{U_0R_2R_1}{(R_1+R_2)^2}\cdot\frac{\mathrm{d}R_1}{R_1},\qquad \frac{\partial U}{\partial R_2}\mathrm{d}R_2=-\frac{U_0R_2R_1}{(R_1+R_2)^2}\cdot\frac{\mathrm{d}R_2}{R_2}$$

$$\frac{\partial U}{\partial R_3}\mathrm{d}R_3=\frac{U_0R_4R_3}{(R_3+R_4)^2}\cdot\frac{\mathrm{d}R_3}{R_3},\qquad \frac{\partial U}{\partial R_4}\mathrm{d}R_4=-\frac{U_0R_4R_3}{(R_3+R_4)^2}\cdot\frac{\mathrm{d}R_4}{R_4}$$

所以

$$\mathrm{d}U=U_0\left[\frac{R_1R_2}{(R_1+R_2)^2}\left(\frac{\mathrm{d}R_1}{R_1}-\frac{\mathrm{d}R_2}{R_2}\right)+\frac{R_3R_4}{(R_3+R_4)^2}\left(\frac{\mathrm{d}R_3}{R_3}-\frac{\mathrm{d}R_4}{R_4}\right)\right]\tag{2-1}$$

讨论:桥臂几种不同的配置情况下,电桥的输出电压。

① 全等臂桥,即 $R_1=R_2=R_3=R_4$,由式(2-1)得:

$$\Delta U=\frac{U_0}{4}\left(\frac{\Delta R_1}{R_1}-\frac{\Delta R_2}{R_2}+\frac{\Delta R_3}{R_3}-\frac{\Delta R_4}{R_4}\right)$$

若各臂应变片的灵敏系数 K 相等,由$\frac{\Delta R}{R}=K\varepsilon$ 可得:

$$\Delta U=\frac{1}{4}U_0K(\varepsilon_1-\varepsilon_2+\varepsilon_3-\varepsilon_4)$$

② 半等臂桥。对卧式桥,即 $R_1=R_2\neq R_3=R_4$(上、下半桥相等)情况,由式(2-1)可知,其电桥输出电压表达式与全等臂桥完全一致;对立式桥,即 $R_1=R_4\neq R_2=R_3$(左、右半桥相等)情况,设$\frac{R_1}{R_2}=\frac{R_3}{R_4}=a$,则

$$\Delta U=U_0\left[\frac{aR_2{}^2}{(1+a)^2R_2{}^2}\left(\frac{\Delta R_1}{R_1}-\frac{\Delta R_2}{R_2}\right)+\frac{aR_4{}^2}{(1+a)^2R_4{}^2}\left(\frac{\Delta R_3}{R_3}-\frac{\Delta R_4}{R_4}\right)\right]$$

$$=U_0\,\frac{a}{(1+a)^2}\left(\frac{\Delta R_1}{R_1}-\frac{\Delta R_2}{R_2}+\frac{\Delta R_3}{R_3}-\frac{\Delta R_4}{R_4}\right)=\frac{a}{(1+a)^2}U_0K(\varepsilon_1-\varepsilon_2+\varepsilon_3-\varepsilon_4)$$

③ 半桥,即两个桥臂工作,工作臂阻值相等。设工作臂为 $R_1=R_2$,则

$$\Delta R_3=\Delta R_4=0$$

$$\Delta U=\frac{U_0}{4}(\frac{\Delta R_1}{R_1}-\frac{\Delta R_2}{R_2}+\frac{\Delta R_3}{R_3}-\frac{\Delta R_4}{R_4})=\frac{U_0}{4}(\frac{\Delta R_1}{R_1}-\frac{\Delta R_2}{R_2})=\frac{1}{4}U_0K(\varepsilon_1-\varepsilon_2)$$

④ 单臂桥，即单臂工作，设工作臂为 R_1，则

$$\Delta R_2=\Delta R_3=\Delta R_4=0$$

$$\Delta U=\frac{U_0}{4}(\frac{\Delta R_1}{R_1}-\frac{\Delta R_2}{R_2}+\frac{\Delta R_3}{R_3}-\frac{\Delta R_4}{R_4})=\frac{U_0}{4}\frac{\Delta R_1}{R_1}=\frac{1}{4}U_0K\varepsilon_1$$

(3) 电桥输出电流

由电工学，当电桥输出电阻与负载电阻相等时，输出功率最大。由等效发电机原理，将电桥电路化成等效电路，如图 2-23 所示。

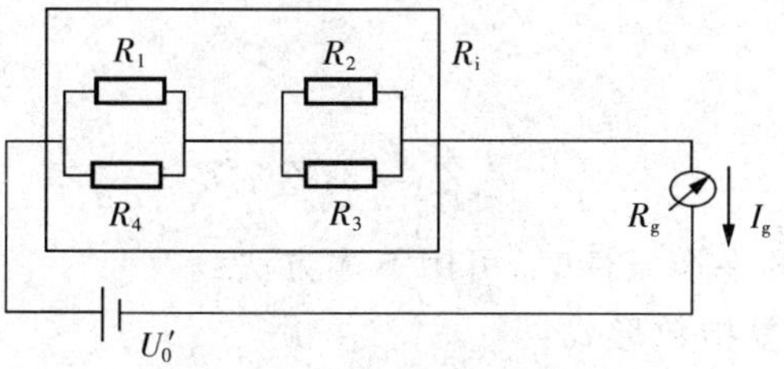

图 2-23　电桥等效电路图

其中

$$U_0'=U_0\frac{R_1R_3-R_2R_4}{(R_1+R_2)(R_3+R_4)}$$

则当输出端接内阻为 R_g 的检流计，且电流最大时，有

$$I_g=\frac{U_0'}{R_i+R_g}=\frac{U_0'}{2R_i}$$

对全等臂桥，$R_i=R$，并令 $I=\frac{U_0}{2R}$，则有

$$I_g=\frac{U_0}{2R}\frac{R_1R_3-R_2R_4}{(R_1+R_2)(R_3+R_4)}=I(\frac{R_1}{R_1+R_2}-\frac{R_4}{R_3+R_4})$$

同样，对上式作全微分，可得

$$\Delta I=\frac{I}{4}(\frac{\Delta R_1}{R_1}-\frac{\Delta R_2}{R_2}+\frac{\Delta R_3}{R_3}-\frac{\Delta R_4}{R_4})=\frac{1}{4}IK(\varepsilon_1-\varepsilon_2+\varepsilon_3-\varepsilon_4)$$

2. 交流电桥

供桥电压为正弦交流电压，采用交流电桥的原因，主要是直流放大器易发生零点漂移，所以应变仪都采用交流放大器。

（1）平衡条件

将桥臂电阻改为复阻抗 $\dot{Z}$，直流电桥电压改为交流，则直流电桥⇒交流电桥。交流电桥输出电压的公式推导与直流电桥完全相同，其结果形式也一致。即

$$u=u_0\frac{\dot{Z}_1\dot{Z}_3-\dot{Z}_2\dot{Z}_4}{(\dot{Z}_1+\dot{Z}_2)(\dot{Z}_3+\dot{Z}_4)}$$

复阻抗为：

$$\dot{Z}=R+jX=Ze^{j\varphi}$$

其中

$$Z=\sqrt{R^2+X^2}\text{，}\quad \varphi=\text{arctg}\,\frac{X}{R}$$

所以平衡条件为：

$$\dot{Z}_1\dot{Z}_3=\dot{Z}_2\dot{Z}_4$$

在求具体电桥电路的平衡条件时，可用下述方法：

① 将平衡条件写成复指数形式：

$$Z_1e^{j\varphi_1}Z_3e^{j\varphi_3}=Z_2e^{j\varphi_2}Z_4e^{j\varphi_4}$$

$$\Rightarrow\begin{cases}Z_1Z_3=Z_2Z_4\\ \varphi_1+\varphi_3=\varphi_2+\varphi_4\end{cases}$$

即以“模的对臂乘积相等；幅角的对臂之和相等”求之。

② 将平衡条件写成实部、虚部形式：

$$(R_1+jX_1)(R_3+jX_3)=(R_2+jX_2)(R_4+jX_4)$$

进而由复数相等条件：实部与实部相等，虚部与虚部相等，求之。

半等臂桥如图 2-24 所示，R_1、R_2 为应变片，存在导线分布电容 C_1、C_2，R_3、R_4 为精密无感电阻。

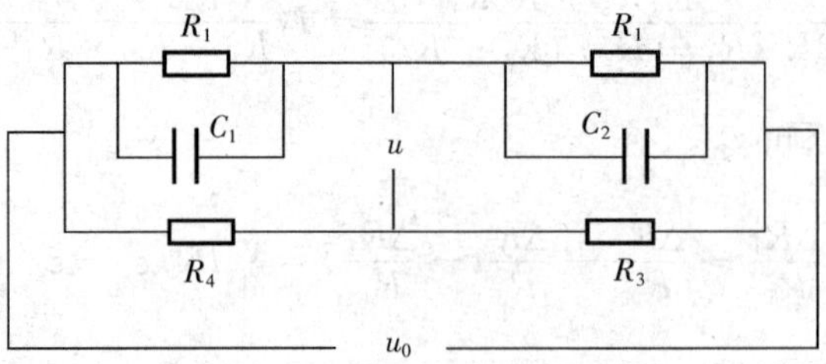

图 2-24　半等臂桥

$$\dot{Z}_1=\frac{1}{\frac{1}{R_1}+j\omega C_1}\text{，}\quad \dot{Z}_2=\frac{1}{\frac{1}{R_2}+j\omega C_2}\text{，}\quad \dot{Z}_3=R_3\text{，}\quad \dot{Z}_4=R_4$$

由
$$\dot{Z}_1\dot{Z}_3=\dot{Z}_2\dot{Z}_4$$
$$\Rightarrow \frac{R_3}{\frac{1}{R_1}+j\omega C_1}=\frac{R_4}{\frac{1}{R_2}+j\omega C_2}$$
$$\Rightarrow \frac{R_4}{R_1}+j\omega C_1R_4=\frac{R_3}{R_2}+j\omega C_2R_3$$
$$\Rightarrow\begin{cases}\frac{R_4}{R_1}=\frac{R_3}{R_3}\\ \omega C_1R_4=\omega C_2R_3\end{cases}\quad\Rightarrow\begin{cases}\frac{R_1}{R_2}=\frac{R_4}{R_3}\\ \frac{C_1}{C_2}=\frac{R_3}{R_4}\end{cases}$$

既要电阻平衡，也要电容平衡。

(2) 输出电压

在实际测量中，电桥必须预调平衡，而电容在测量中不允许变化，所以，应变电桥可以看做是纯电阻电桥，直流电桥输出电压公式也适用于交流电桥。即对全等臂桥有：

$$\Delta u=\frac{u_0}{4}\left(\frac{\Delta R_1}{R_1}-\frac{\Delta R_2}{R_2}+\frac{\Delta R_3}{R_3}-\frac{\Delta R_4}{R_4}\right)=\frac{1}{4}u_0K(\varepsilon_1-\varepsilon_2+\varepsilon_3-\varepsilon_4)$$

以单臂桥为例，讨论几种不同应变条件下，交流电桥的输出电压。

设供桥载波电压为：

$$u_0=u_{\mathrm{m}}\sin\omega t$$

则单臂桥输出电压为：

$$\Delta u=\frac{1}{4}u_0K\varepsilon=\frac{1}{4}K\varepsilon u_{\mathrm{m}}\sin\omega t$$

① 无应变

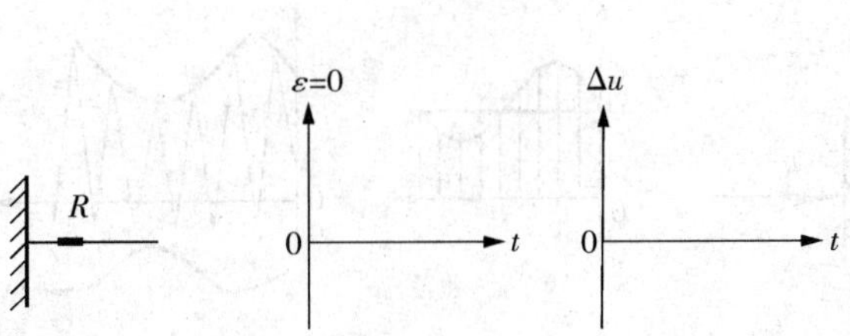

$u=0$。

② 静拉应变

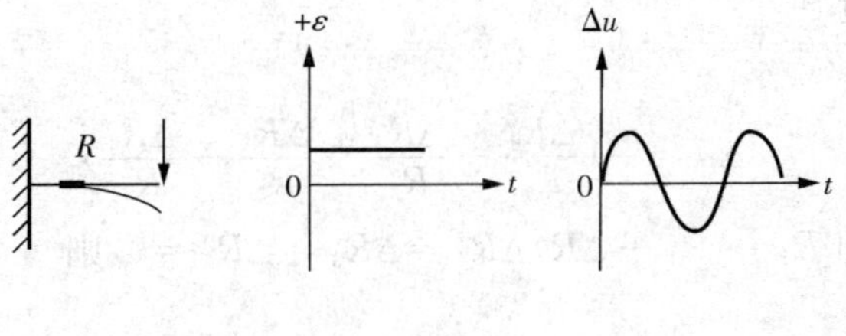

$\Delta u=\frac{1}{4}K\varepsilon u_{\mathrm{m}}\sin\omega t$。频率同载波，幅值正比于应变。

③ 静压应变

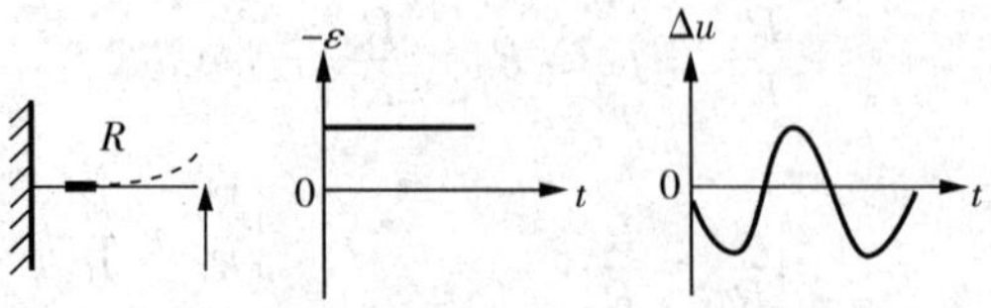

$\Delta u=\frac{1}{4}K(-\varepsilon)u_{\mathrm{m}}\sin\omega t=\frac{1}{4}k\varepsilon u_{\mathrm{m}}\sin(\omega t+\pi)$。频率同载波，幅值正比于应变。

④ 动应变

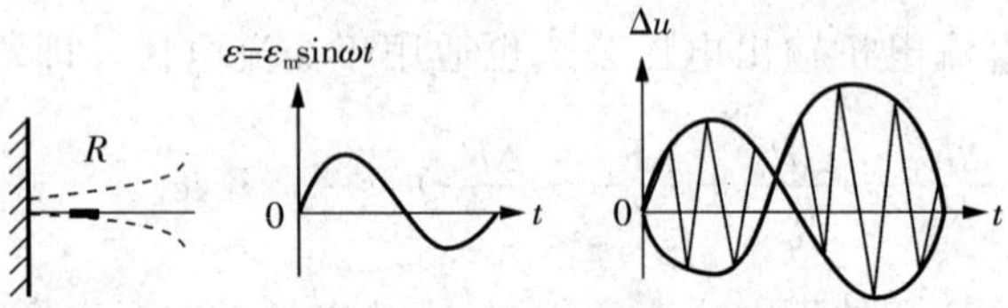

$\Delta u=\frac{1}{4}K(\varepsilon_{\mathrm{m}}\sin\omega t)u_{\mathrm{m}}\sin\omega t=\frac{1}{4}k\varepsilon_{\mathrm{m}}(u_{\mathrm{m}}\sin\omega t)\sin\omega t$。这是对载波 $u_0=u_{\mathrm{m}}\sin\omega t$ 进行调幅的调幅波方程。

⑤ 静应变、动应变同时作用

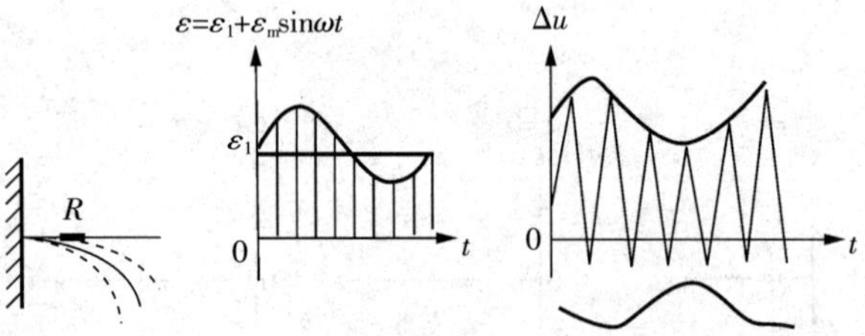

$\Delta u=\frac{1}{4}K\varepsilon_1 u_{\mathrm{m}}\sin\omega t+\frac{1}{4}k\varepsilon_{\mathrm{m}}(u_{\mathrm{m}}\sin\omega t)\sin\omega t$。

3. 电桥的和差特性

全等臂电桥：

$$\Delta u=\frac{u_0}{4}\left(\frac{\Delta R_1}{R_1}-\frac{\Delta R_2}{R_2}+\frac{\Delta R_3}{R_3}-\frac{\Delta R_4}{R_4}\right)$$

(1) 单臂工作，即 $R_1\rightarrow R_1+\Delta R$，$\Delta R_2=\Delta R_3=\Delta R_4=0$，则

$$\Delta u = \frac{1}{4}u_0 \frac{\Delta R}{R} = \frac{1}{4}u_0 K\varepsilon$$

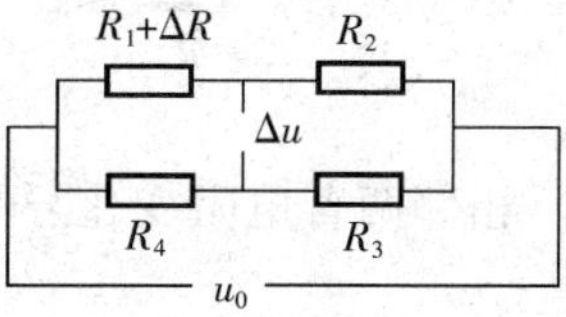

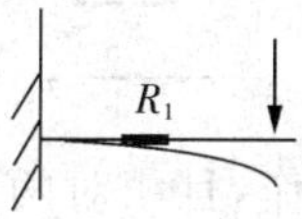

(2) 相邻两臂工作，电阻变化互为异号，即 $R_1 \to R_1 + \Delta R, R_2 \to R_2 - \Delta R, \Delta R_3 = \Delta R_4 = 0$，则式(2-2) 即为两单臂桥输出之和。

$$\Delta u = \frac{1}{4}u_0 \left(\frac{\Delta R}{R_1} - \frac{-\Delta R}{R_2}\right) = \frac{1}{2}u_0 \frac{\Delta R}{R} = \frac{1}{2}u_0 K\varepsilon \tag{2-2}$$

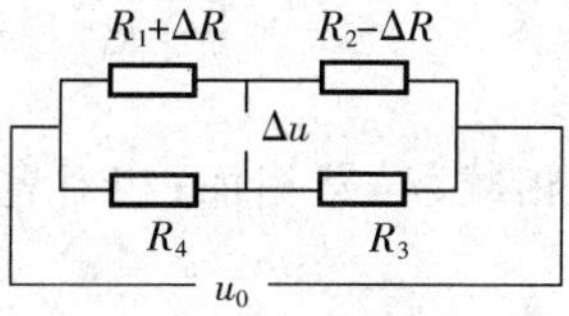

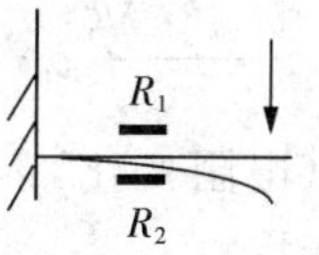

(3) 相邻两臂工作，电阻变化同号，即 $R_1 \to R_1 + \Delta R, R_2 \to R_2 + \Delta R, \Delta R_3 = \Delta R_4 = 0$，则式(2-3) 即为两单臂桥输出之差。

$$\Delta u = \frac{1}{4}u_0 \left(\frac{\Delta R}{R_1} - \frac{\Delta R}{R_2}\right) = 0 \tag{2-3}$$

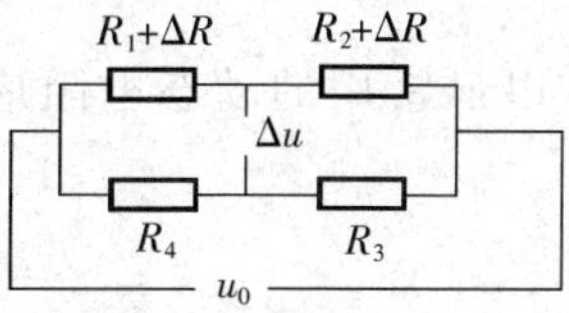

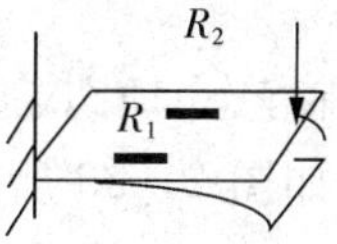

(4) 相对两臂工作，电阻变化互为同号，即 $R_1 \to R_1 + \Delta R, R_3 \to R_3 + \Delta R, \Delta R_2 = \Delta R_4 = 0$，则式(2-4) 即为两单臂桥输出之和。

$$\Delta u = \frac{1}{4}u_0 \left(\frac{\Delta R}{R_1} - 0 + \frac{\Delta R}{R_3} + 0\right) = \frac{1}{2}u_0 \frac{\Delta R}{R} = \frac{1}{2}u_0 K\varepsilon \tag{2-4}$$

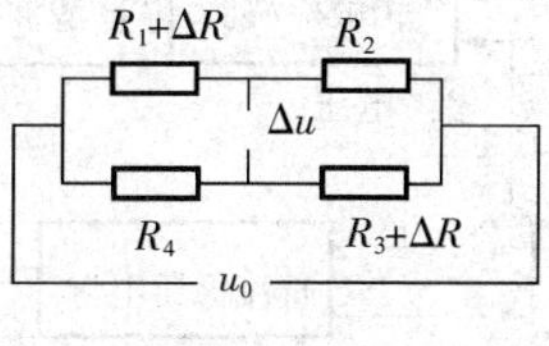

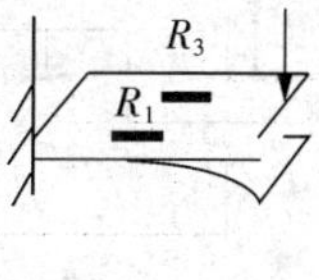

(5) 相对两臂工作，电阻变化互为异号，即 $R_1 \to R_1 + \Delta R, R_3 \to R_3 - \Delta R, \Delta R_2 = \Delta R_4 = 0$，则式(2-5) 即为两单臂桥输出之差。

$$\Delta u = \frac{1}{4}u_0 \left(\frac{\Delta R}{R_1} - 0 + \frac{-\Delta R}{R_3} - 0\right) = 0 \tag{2-5}$$

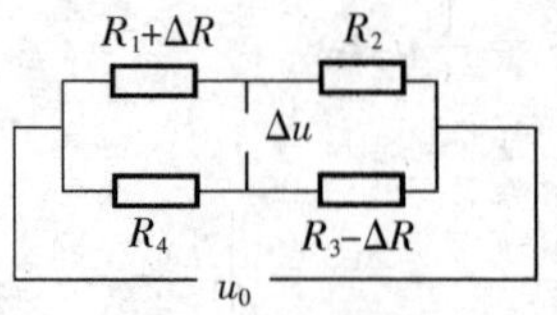

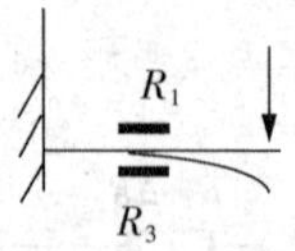

(6) 四臂都工作，且相对两臂电阻变化同号，相邻两臂电阻变化异号，则式(2-6)即为四个单臂电桥输出之和。

$$\Delta u=\frac{1}{4}u_0\left(\frac{\Delta R}{R_1}-\frac{-\Delta R}{R_2}+\frac{\Delta R}{R_3}-\frac{-\Delta R}{R_4}\right)=u_0\frac{\Delta R}{R}=u_0K\varepsilon \tag{2-6}$$

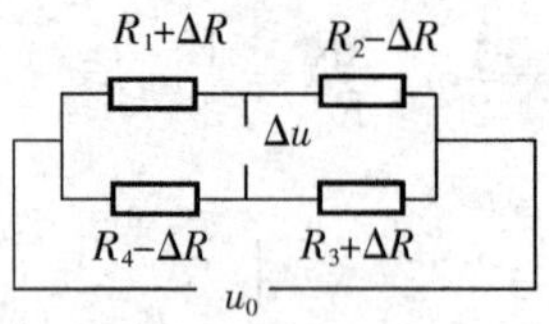

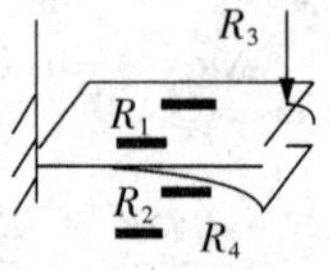

结论：相邻臂(电阻变化)同号(输出电压)相减、异号相加；相对臂同号相加、异号相减。⇒电桥和差特性。

2.7　应变仪工作原理

2.7.1　应变仪基本组成

电阻应变仪有静态、动态、遥测等多种类型，以最常用的动态电阻应变仪为例来看其工作过程与结构，如图 2-25 所示。

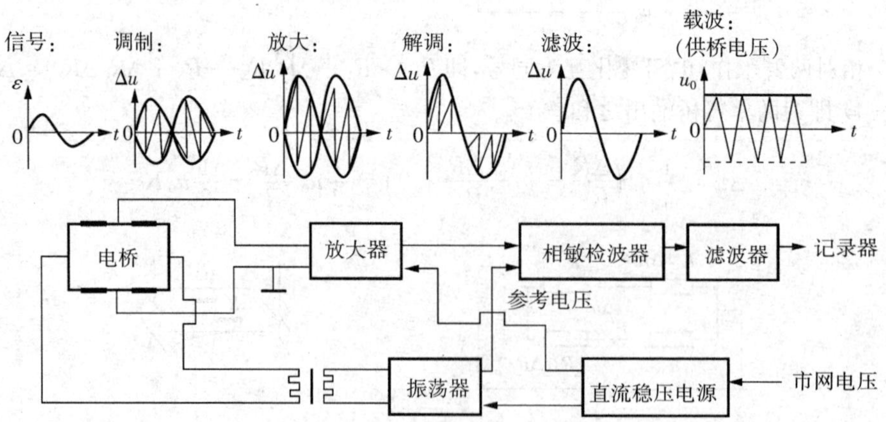

图 2-25　动态应变仪工作原图

(1) 电桥：将应变片电阻变化⇒电压或电流变化(调制)。

(2) 振荡器：将输入直流电压作为供桥电压⇒高频载波电压，作为供桥电压和相敏检波器的参考电压。

(3) 稳压电源:将市网电压⇒稳定的直流电压,供给振荡器和放大器。

(4) 载波放大器:对电桥输出的调幅波信号进行不失真的电压和功率放大,使其有足够的功率去推动记录仪。

(5) 相敏检波器:将放大的调幅波还原成与被测信号形状相同的波形(解调)。

(6) 低通滤波器:将相敏检波器的输出波形滤掉其中的高频载波分量。

所以,应变仪的工作过程可分为调制、放大、解调三个过程。

为解决直流放大器零漂问题,将缓变信号⇒高频调幅信号,再用交流放大器放大⇒解调,还原成放大了的原信号。

2.7.2　应变信号的调制

信号调制指控制高频振荡波的某个参数(幅值、频率、相位),使其随被测信号作有规律变化,以利实现信号的放大与传输。即

控制幅值 → 调幅

控制频率 → 调频

控制相位 → 调相

动态电阻应变仪采用调幅,电桥即是调制器。对单臂桥,当载波为 $u_0 = u_m \sin\omega t$ 时(前已讨论),可知:

对正应变 $+\varepsilon$,有:$\Delta u = \frac{1}{4}K\varepsilon u_m \sin\omega t$,频率同载波,幅值正比 ε,相位同载波。

对负应变 $-\varepsilon$,有:$\Delta u = \frac{1}{4}k\varepsilon u_m \sin(\omega t + \pi)$,频率同载波,幅值正比 ε,相位反相 180°。

对应变 $\varepsilon = \varepsilon_m \sin\omega t$,有:$\Delta u = \frac{1}{4}k\varepsilon_m (u_m \sin\omega t)\sin\omega t$,频率同载波,幅值正比 ε,而相位在正应变区与载波同相,在负应变区与载波反相 180°,包络线即为应变信号,如图 2-26 所示。

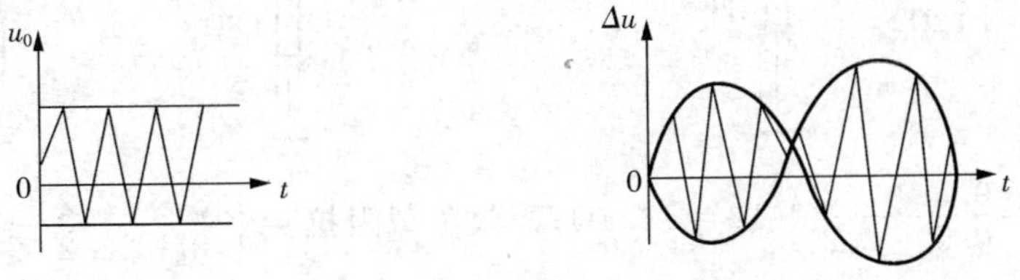

图 2-26　应变信号图

2.7.3　应变信号的放大

电桥信号微弱,如果电桥输出 $\Delta u = 2.5\text{V}$,$\Delta I = 25\mu\text{A}$,而记录装置光线示波器振子选用 FC6-5000 型,其满幅记录所需 $I = 80\text{mA}$,$V = 800\text{mV}$,则满幅记录所需放大器倍数为:

电压放大倍数

$$K_V = \frac{800}{2.5} = 320$$

电流放大倍数

$$K_I = \frac{80}{25 \times 10^{-3}} = 3200$$

功率放大倍数

$$K_P = K_V K_I = 1024 \times 10^3$$

功率放大倍数超过一百万倍，由此可见放大环节的重要性。动态电阻应变仪采用多级交流放大器，如图 2-27 所示。

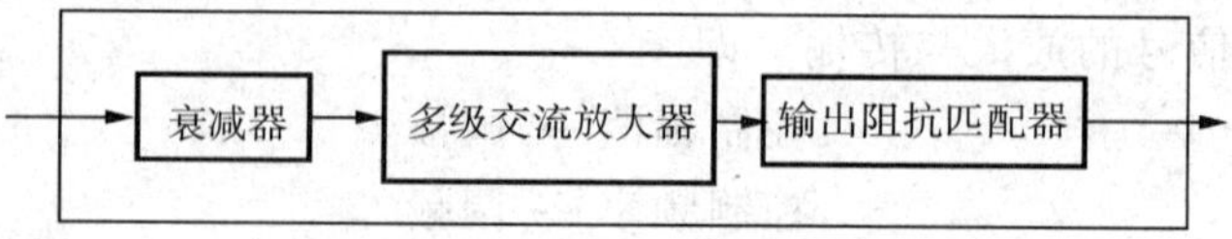

图 2-27　多级交流放大器示意

由于输入信号强弱不同，所以在放大器输入端有一个衰减器，衰减器旋钮在应变仪面板上。衰减器用于改变输入放大器信号的大小，以适应不同的输入信号。

在放大器输出端有一个输出阻抗匹配电路，提供多种匹配档，可参考使用手册根据所用振子型号选用。例如，对 Y6D-3A，有四种匹配挡，如选用振子 FC6-5000，就用测量 12 挡；选用 FC6-2500，就用测量 16 挡。输出阻抗匹配电路使不同内阻的振子等效负载阻抗都为 12Ω 左右。

例 1　测量 12 挡，FC6-5000 振子。　　　　测量 16 挡，FC6-2500 振子。

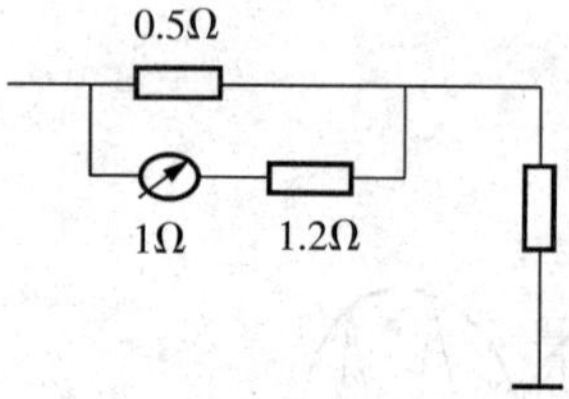

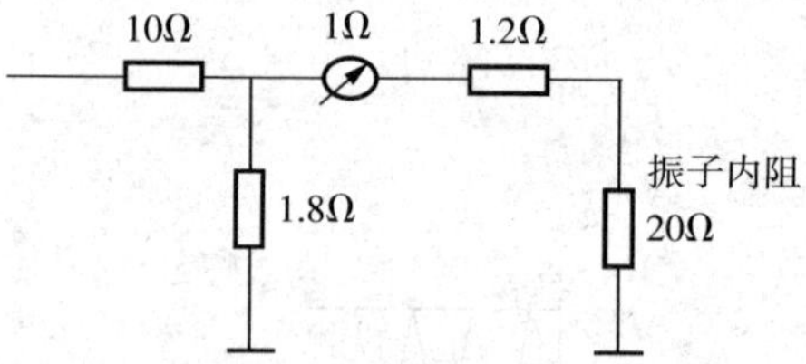

等效负载阻抗 $= \frac{0.5 \times 2.2}{0.5 + 2.2} + 12 = 12.4\Omega$；等效负载阻抗 $= \frac{1.8 \times 22.2}{1.8 + 22.2} + 10 = 11.74\Omega$

所以，当选定振子后，就要选择相应的测量挡。

2.7.4　应变信号的解调

应变仪常用解调装置是环形相敏检波器，工作原理如图 2-28 所示。

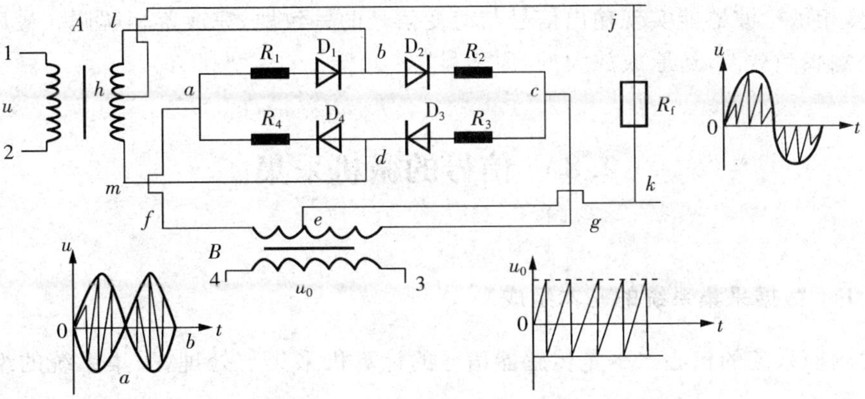

图 2-28　应变仪工作原理图

条件：保证 $u_0 > u$（差值在 0.7V 以内）。

调幅波：正应变区（$0 \sim a$）与载波同相位；负应变区（$a \sim b$）与载波反相位。

二极管（暂不考虑 u）：当 u_0 为正半周，D_3、D_4 通，D_1、D_2 止；当 u_0 为负半周，D_1、D_2 通，D_3、D_4 止。

讨论 R_f 上的电压变化。

(1)$0 \sim a$ 段：正应变，此时 u 与 u_0 同相位。

当 u_0 为正半周，$u_0 \to ca$，$u \to bd$，D_1 仍然反置截止，因为 $u_0 > u$，所以 D_2 也仍然截止。又 u 与 u_0 同相位，对 D_4，u_0 正偏，u 反偏；对 D_3，u_0 和 u 都正偏，但显然流经 $i_3 >> $ 流经 D_4 的 i_4，最终 i 方向由 i_3 确定。

所以，唯有 D_3 通，电流流向为：$hjkegcdmh$。R_f ↓ i，u 为正。

当 u_0 为负半周，$u_0 \to ac$，$u \to db$，D_3 仍然反置截止，因为 $u_0 > u$，所以 D_4 也仍然截止。同理，u 与 u_0 同相位，对 D_2，U_0 正偏，u 反偏；对 D_1，u_0 和 u 都正偏。电流 $i_1 >> i_2$，即 i 方向由流经 D_1 的 i_1 确定。

所以，唯有 D_1 通，电流流向为：$hjkefablh$。R_f ↓ i，u 为正。

(2)$a \sim b$ 段：负应变，此时 u 与 u_0 反相位。

当 u_0 为正半周，$u_0 \to ca$，$u \to db$，因为 $u_0 > u$，所以 D_2 仍然反置截止。又 u 与 u_0 反相位，因为 $u_0 > u$，D_1 也仍然截止，所以 D_3 也仍然截止。同理，对 D_3，U_0 正偏，u 反偏；对 D_4，u_0 和 u 都正偏，所以 i 方向由流经 D_4 的 i_4 确定。

所以，唯有 D_4 通，电流流向为：$hmdafekjh$。R_f ↑ i，u 为负。

当 u_0 为负半周，$u_0 \to ac$，$u \to bd$，D_4 反置截止，u 与 u_0 反相位。又 $u_0 > u$，所以 D_3 也仍然截止。同理，对 D_1，u_0 正偏，u 反偏；对 D_2，u 和 u 都正偏，所以 i 方向由流经 D_2 的 i_2 确定。

所以，唯有 D_2 通，电流流向为：$hlbcgekjh$。R_f ↑ i，u 为负。

因此，相敏检波器能实现输出信号与应变信号的一致性，完成鉴相解调。最后经低通滤波器去除高频载波，还原成放大的“原信号”。

2.8 信号的微机采集

2.8.1 数据采集系统的基本组成

现代测控系统的核心之一是传感器信号的计算机采集与处理，采集系统的组成如图 2－29 所示。

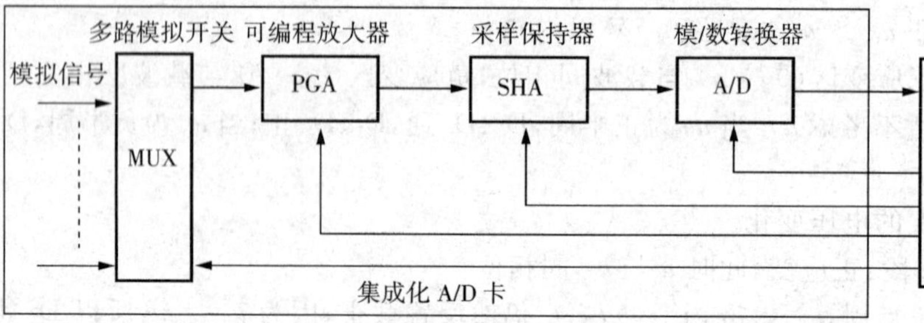

图 2－29 数据采集系统原理图

1. 多路模拟开关

分时使用 A/D 转换器，在一个特定的时间间隔内，只允许一个通道接通。其主要技术指标有：

(1) 导通电阻 $<100\Omega$，断开电阻 $>109\Omega$。

(2) 通道数目标准有 4 路、8 路、16 路等。如 8 路 AD7501，16 路 AD7506。

(3) 最大输入信号电压，标准值为 $\pm 15V$、$\pm 10V$、$\pm 5V$。

(4) 对于切换速度，被输入信号变化率越高，所需切换速度也越高，选购时要注意其限定值。

2. 可编程放大器

因为各通道之间电压范围可能有较大差异，所以对各通道要采用不同放大倍数，即放大倍数要可编程设置，以便输入数模转换器的满量程信号值达到一致。

例如，某力传感器信号为 $0\sim\pm 20mV$，放大器设置为 250 倍，则放大器输出值为 $0\sim\pm 5V$。

某热电偶信号为 $0\sim\pm 50mV$，放大器设置为 125 倍，则放大器输出值也为 $0\sim\pm 5V$。

3. 采样保持器

数模转换器完成一次转换需要一定时间，在此期间希望输入值不变，此任务由采样保持器完成。

4. 数模转换器

数模转换器是采集系统核心，担负将模拟信号转换成数字序列的任务。

(1) 数模转换器的位数决定了采集系统的精度，因为一个 N 位的 A/D 转换器能够提供的分辨率层次是 $2N$ 层，设被允许的模拟信号输入跨度为 ΔV，则每个层次电压值为：

$$\mathrm{LSB}=\frac{\Delta V}{2^N}$$

为不产生输出误码，要求输入误差 $<\frac{1}{2}\mathrm{LSB}=\frac{\Delta V}{2^{N+1}}$。例如对 12 位 A/D 转换器，有

$$\frac{1}{2}\mathrm{LSB}=\frac{\Delta V}{2^{12+1}}=0.012\%\Delta V$$

即为不产生输出误码，输入电压误差不得超过 0.012%。

(2) A/D 转换器完成一次转换需要的时间和采样保持器的跟踪时间之和，决定了系统的采集频率。即

$$f_s=\frac{1}{t_{ad}+t_h}$$

例如，转换时间 t_{ad} 为 35μs，跟踪时间 t_h 为 5μs，则采集频率 f_s 为 25kHz。如有四个通道分时复用，则每个通道的转换频率 f_{si} 为 $f_s/4=6.25\mathrm{Hz}$。

2.8.2　数据采集系统的工作原理

由模拟量转换为数字量包括采样、量化和编码三个阶段。

1. 采样

采样即按照一定的时间间隔，从连续变化的信号中抽取一系列时间离散的样值，如图 2-30 所示。

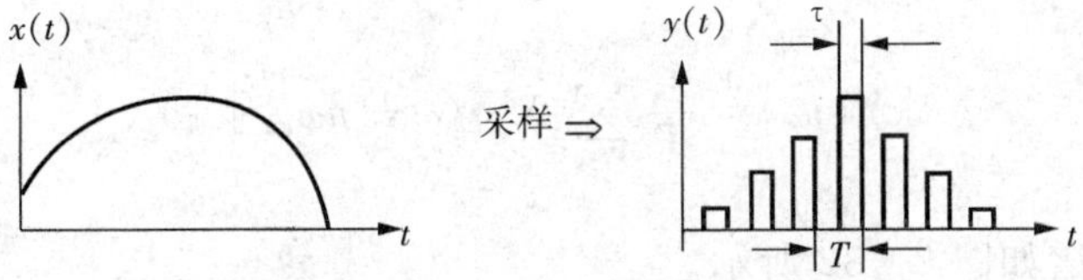

图 2-30　采样信号变化

采样频率：$f_s=\frac{1}{T}$。因为 τ 与 T 相比很短，所以采样信号 $y(t)$ 是一系列时间离散的样值。

将 $y(t)$ 与 $x(t)$ 相比较可以看出，当 $x(t)$ 变化很快，而采样周期 T 较长时，在采样过程中某些信息可能被丢失。采样定理就是要阐明，至少在理论上能够恢复原来信号的全部信息所应满足的条件。

采样定理指出，对一个具有有限频谱（$0\sim f_c$）的连续信号采样，当采样频率 $f_s\geqslant 2f_c$ 时，采样后可保持不失真。

证明 采样过程可看做调制过程，如图 2-31 所示。

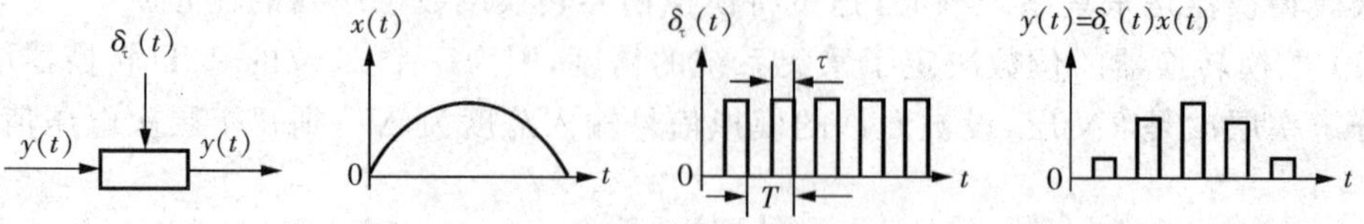

图 2-31 采样过程

因为采样函数 $\delta_\tau(t)$ 是周期函数，所以采样函数 $\delta_\tau(t)$ 可以展成傅氏级数，利用反映三角函数与指数函数之间关系的欧拉公式，可将 $\delta_\tau(t)$ 的傅氏级数表示成复指数形式：

$$\delta_\tau(t)=\frac{1}{T}\sum_{n=-\infty}^{+\infty}\mathrm{e}^{jn\omega_s^t}$$

其中采样圆频率 $\omega_s=\frac{2\pi}{T}=2\pi f_s$。所以

$$y(t)=\delta_\tau(t)x(t)=\frac{1}{T}\sum_{n=-\infty}^{+\infty}x(t)\mathrm{e}^{jn\omega_s^t}$$

对 $y(t)$ 进行拉氏变换：

$$Y(S)=\frac{1}{T}\sum_{n=-\infty}^{+\infty}L[x(t)\mathrm{e}^{jn\omega_s^t}]$$

设 $x(t)$ 的拉氏变换为 $X(S)$，由拉氏变换性质(4)：$L[x(t)\mathrm{e}^{at}]=X(S-a)$，则

$$Y(S)=\frac{1}{T}\sum_{n=-\infty}^{+\infty}X(S-jn\omega_s)$$

将 $y(t)$ 的拉氏变换表达式中的 S 算子用 $j\omega$ 代替，即得到 $y(t)$ 的频率响应函数：

$$Y(j\omega)=\frac{1}{T}\sum_{n=-\infty}^{+\infty}X[j(\omega-n\omega_s)]$$

两种情况的频谱如图 2-32 所示。

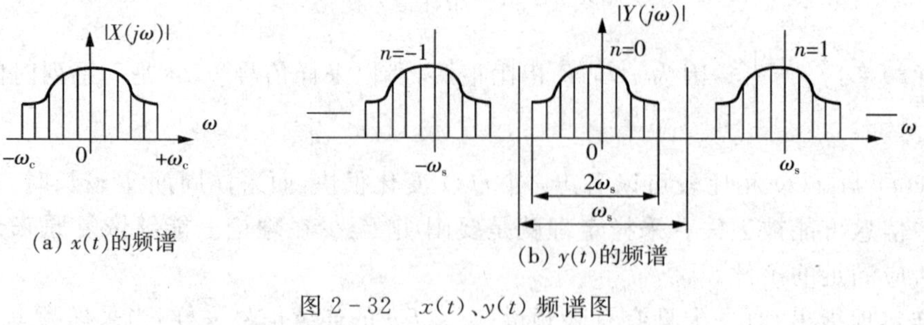

(a) $x(t)$的频谱

(b) $y(t)$的频谱

图 2-32 $x(t)$、$y(t)$ 频谱图

若 $x(t)$ 的频带宽为有限值，则为一孤立的连续频谱，所含频率最高为 $\omega_c=2\pi f_c$。而

$y(t)$ 的频谱是以采样频率 ω_s 为周期的无限多个频谱，而且为离散型频谱。当 $n=0$ 时，为采样原始信号的频谱，但幅值增加了 $1/T$ 倍。$|n|\geqslant 1$ 的频谱都是该频谱的重复。

为了 $y(t)$ 的频谱不畸变，采样频率 ω_s 必须足够高，以拉开各项频谱使之不相互重叠。显然，相邻两频谱不重叠的条件是：

$$\omega_s \geqslant 2\omega_c$$

2. 量化和编码

（1）量化：时间离散后的采样信号，还要用四舍五入的方法，将幅值与电平的相应离散电压值对应起来，这一过程称为量化。

（2）编码：用一定位数的二进制数码来表示采样信号的量化幅度，即用二进制数码来表示电平的相应离散电压值。

量化和编码都由 A/D 转换器来完成，A/D 转换器（也称 ADC）依照其工作原理，可分为逐步逼近式、双积分式和电压频率变换式三类。下面以逐步逼近式 ADC 为例，阐述量化和编码的过程，图 2－33 所示为其 DAC 原理图。

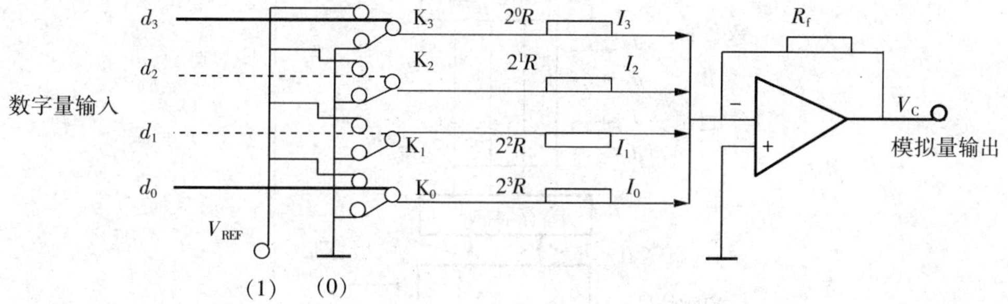

图 2－33　DAC 原理图

图 2－33 所示是四位权电阻网络 DAC，它将输入的数字量转换成模拟量输出。要了解逐步逼近式ADC的工作原理，先要介绍DAC的原理（即D/A转换器），因为逐步逼近式ADC 是基于 DAC 之上的。

开关 K_3、K_2、K_1、K_0 受 d_3、d_2、d_1、d_0 的控制，d_3、d_2、d_1、d_0 的某一位为“1”，意味着相应的开关接 V_{REF}；d_3、d_2、d_1、d_0 的某一位为“0”，则意味着响应的开关接地。这也就意味着权电阻网络中的电流 I_3、I_2、I_1、I_0 的有无受 d_3、d_2、d_1、d_0 的控制。同时注意到，I_3、I_2、I_1、I_0 的大小与权电阻值成反比。

例如，$d_3=1, I_3=\dfrac{V_{REF}}{2^0R}$；$d_3=0, I_3=0 \Rightarrow I_3=\dfrac{V_{REF}}{2^0R}d_3$

所以，求得放大器总输入电流为：

$$I=\sum_{i=0}^{3} I_i=\sum_{i=0}^{3}\frac{V_{REF}}{2^{3-i}R}d^i=\frac{V_{REF}}{2^3R}\sum_{i=0}^{3}2^i d_i$$

DAC 的模拟输出电压为：

$$U_C = -IR_f = -\frac{R_f}{R}\frac{V_{REF}}{2^3 R}\sum_{i=0}^{3} 2^i d_i$$

即 U_C 正比于输入的数字信号。实际使用的是 $R-2R$ 梯形解码网络，比权电阻网络要复杂一些，但原理是一样的，其输出模拟电压为：

$$U_C = -\frac{R_f}{3R}\frac{V_{REF}}{2^n}\sum_{i=0}^{n-1} 2^i d_i$$

其中 n 为梯形解码网络的位数。

对 DAC 的工作过程有了一些了解后，现在再来看逐步逼近式 ADC 的工作原理，如图 2-34 所示。

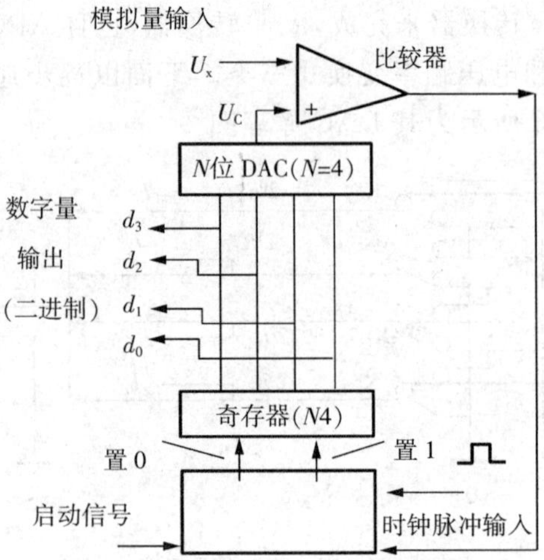

图 2-34　ADC 原理图

模拟量输入电压 U_X 与 DAC 的模拟量输出电压 U_C 比较，从高位到低位逐次进行。如果 $U_C > U_X$，则该位清"0"；若 $U_C < U_X$，则该位保留"1"。

对 4 位 ADC，设模拟信号的最大值 $U_{XM} = 5V$，DAC 的参考电压 $V_{REF} = 5V$，取 DAC 的放大器的反馈电阻 $R_f = 3R$，则由 4 位梯形解码网络的输出电压公式可得：

$$U_C = \frac{V_{REF}}{2^4}\sum_{i=0}^{3} 2^i d_i = \frac{U_{XM}}{2^4}\sum_{i=0}^{3} 2^i d_i$$

当 ADC 输入模拟电压 $U_X = 0.67U_{XM}$ 时，则看其转换过程。

3. 转换过程

(1) 发出启动信号，ADC 启动后在时钟脉冲的作用下，控制逻辑首先将 4 位 DAC 的最高位 d_3 置为"1"，即 DAC 的输入信号为 1000，此信号经 DAC 转换后得：

$$U_C = \frac{U_{XM}}{2^4} \times 2^3 = 0.5U_{XM} < U_X$$

由比较方法可知,保留 $d_3=1$。

(2) 控制逻辑置 $d_2=1$,则 DAC 输入信号为 1100,而

$$U_C=\frac{U_{XM}}{2^4}\times(2^3+2^2)=0.75U_{XM}>U_X$$

由比较方法可知,将 d_2 清零。

(3) 控制逻辑置 $d_1=1$,DAC 输入信号为 1010,而

$$U_C=\frac{U_{XM}}{2^4}\times(2^3+2^2)=0.625U_{XM}<U_X$$

所以,d_1 保留 1。

(4) 控制逻辑置 $d_0=1$,DAC 输入信号为 1011,而

$$U_C=\frac{U_{XM}}{2^4}\times(2^3+2^2+2^0)=0.687U_{XM}>U_X$$

所以,d_0 清零。

上述过程完成,转换过程结束,DAC 输入段信号为 1010,其值为 $0.625U_{XM}$,亦即 ADC 输出值为 1010,对应输入的模拟量为 $0.675U_{XM}$,两者的差值即为量化误差。显然,寄存器位数和 DAC 位数越长,量化误差就越小,模数转换的精度就越高。

2.9　噪声的抑制

在非电量的检测及控制中,往往混入一些干扰的噪声信号,它们会使测量结果产生很大的误差,这些误差将导致控制程序的紊乱,从而造成控制系统中的执行机构产生误动作。因此在传感信号的处理中,噪声的抑制是非常重要的,噪声抑制也是传感器信号处理的重要内容之一。

2.9.1　噪声产生的原因

所谓噪声就是测量系统中混入的无用信号,按噪声声源的不同,噪声可分为内部噪声和外部噪声。

(1) 内部噪声

内部噪声是由传感器或检测电路元件内部带电微粒的无规则运动产生的,例如热噪声、散粒噪声以及接触不良引起的噪声。

(2) 外部噪声

外部噪声是由传感器检测系统外部人为或自然干扰造成的。外部噪声的来源主要为电磁辐射,当电机、开关及其他电子设备工作时会产生电磁辐射,雷电、大气电离及其他自然现象也会产生电磁辐射。在检测系统中由于元件之间或电路之间存在着分布电容或电磁场,因而容易产生寄生耦合现象。在寄生耦合的作用下,电场、磁场、电磁波就会被引入

检测系统，干扰电路的正常工作。

2.9.2 噪声的抑制方法

(1) 选用质量好的元器件。

(2) 屏蔽。就是用低电阻材料或磁性材料将元件、传输导线、电路及组合包围起来，以隔离内外电磁或电场的相互干扰。屏蔽可分为三种，即电场屏蔽、磁场屏蔽及电磁屏蔽。电场屏蔽主要用来防止元器件或电路间因分布电路耦合形成的干扰，磁场屏蔽主要用来消除元器件或电路之间因磁场寄生耦合而产生的干扰，磁场屏蔽的材料一般都选用高磁导系数的磁性材料。电磁屏蔽主要用来防止高频电磁场的干扰，电磁屏蔽的材料应选用高磁导电率较高的材料，如铜、银等，利用电磁场在屏蔽金属内部产生涡流而起到屏蔽作用。

电磁屏蔽的屏蔽体可以不接地，但一般为防止分布电容的影响，可以使电磁屏蔽的屏蔽体接地，起到兼有电磁屏蔽的作用，电场屏蔽必须可靠接地。

(3) 接地。电路或传感器中的接地指的是一个等电位点，它是电路或传感器的基准电位点，与基准电位点相连接，就是接地。接地是为了清除电流流经公共地线阻抗时产生噪声电压，也可以避免受磁场或地电位的影响。把接地和屏蔽正确结合起来使用，就可以抑制大部分噪声。

(4) 隔离。当电路信号在两端接地时，容易形成环路电流而引起噪声干扰。这时，常采用隔离的方法，把电路两端从电路上隔开，隔离的方法主要采用变压器隔离和光电耦合器隔离。

在两个电路之间加入隔离变压器可以切断环路，实现前后电路的隔离，变压器隔离只适用于交流电路。在直流或超低频测量中，常采用光电耦合的方法实现电路的隔离，如图 2-35 所示。

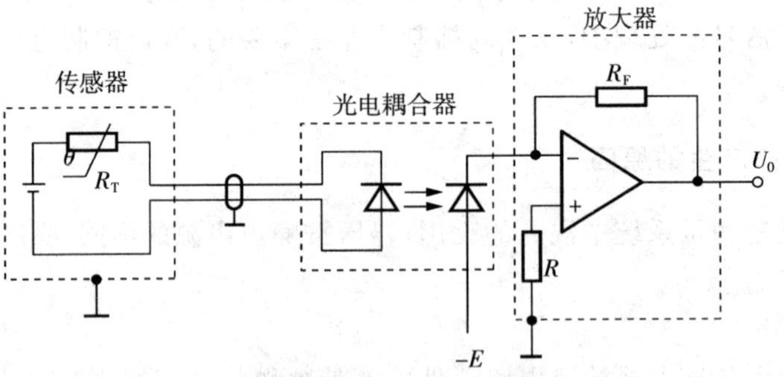

图 2-35　利用屏蔽和光电耦合抑制干扰

(5) 滤波。虽然采取了上述的一些抗干扰措施，但仍会有一些噪声信号混杂在检测系统中，因此传感器接口电路还经常设置滤波电路，对有外界干扰引入的噪声信号加以滤波。

滤波电路或滤波器是一种能使一种频率顺利通过，而使另一种频率受到较大衰减的装置。因传感器的输出信号大都是缓慢变化的，因而对传感器输出信号的滤波常采用有源低通滤波器，它只允许低频信号通过而不能通过高频信号。图 2－36 为一阶 RC 有源低通滤波电路，滤波电路接入运算放大器的同相输入端。这种滤波电路的滤波截止频率为：

$$f_0=\frac{1}{2\pi RC}$$

从理想的情况来看，当干扰信号频率 $f \geqslant f_0$ 时滤波电路的输出为零，但实际上这种电路输入比 f_0 高 10 倍的频率，幅度只下降 20％，滤波效果不够理想。图 2－37 为典型的二阶 RC 有源低通滤波电路。

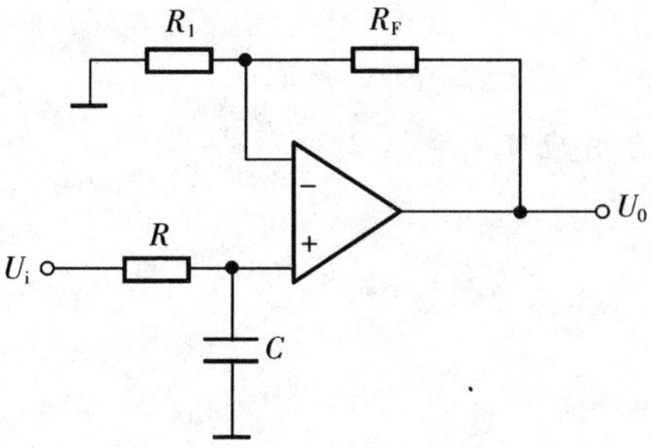

图 2－36　基本低通滤波电路

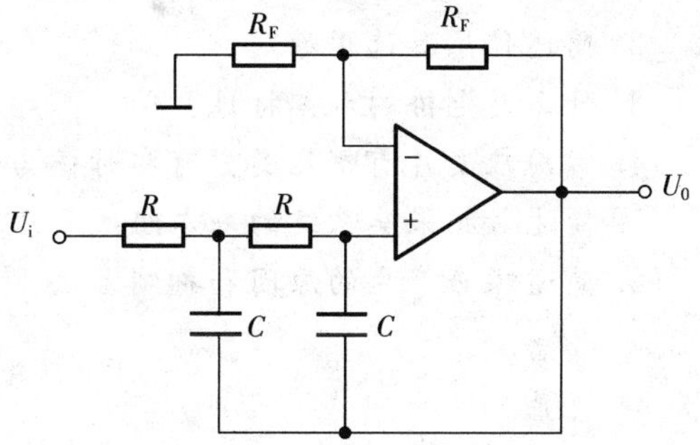

图 2－37　RC 有源低通滤波电路

它由二极管 RC 滤波电路，其中将第一级的电容 C 接入到放大器的输出端。当 $f \leqslant f_0$ 时，输出电压 U_0 和输入信号 U_i 的相位差在 90° 以内，则输出电压 U_0 通过电路中，要求 $R_1=R_2$、$R_F=R_3$ 差动放大器的输出电压为：

$$U_0=\frac{R_F}{R_i}(U_2-U_1)$$

C 将使 U_0 的幅度增强，从而提高了输出电压的幅度，而当 $f \geqslant f_0$ 时，输出电压 U_0 和 U_i 基本上是反相的，输出电压 U_0 通过 C 将使 U_i 的幅度下降，使干扰信号衰减。

有些传感器需用高通滤波器，它只允许高频信号通过，而不能通过低频信号。图 2－38 是一个典型的二阶高通有源滤波器，可以看出只要将低通滤波电路中的电阻电容的位置进行互换，即可成为高通滤波电路，对低频干扰信号进行衰减。

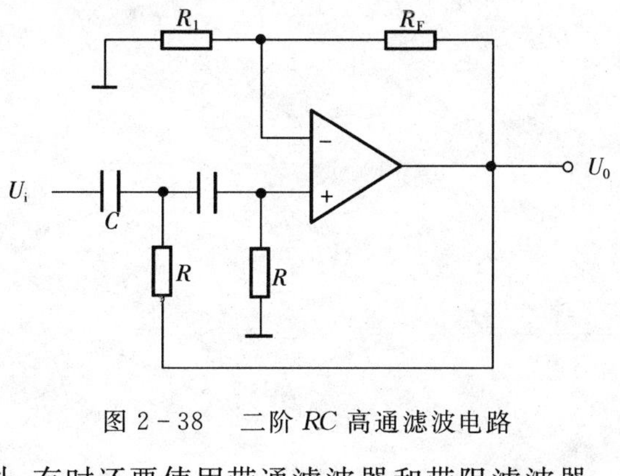

图 2－38　二阶 RC 高通滤波电路

除上述的滤波器外，有时还要使用带通滤波器和带阻滤波器。带通滤波器的作用是只允许某一个频带内的信号通过，而比通频带下限频率低和比上限频率高的信号被阻断，它常常用于从多种信号中获取所需要的信号，从而使干扰信号被滤除。带阻滤波器和带通滤波器相反，在规定的频带内，信号不能通过，而在其余频率范围，信号则能顺利通过。总之，由于不同检测系统的不同需要，应选用不同的滤波电路[4]。

除了硬件滤波外，还可采用软件滤波。

习　题

1. 电阻应变式传感器有金属丝和半导体两类，它们各自依据什么原理工作？
2. 简述传感器选用原则。
3. 什么是电桥的和差特性？
4. 常用应变片有哪几类？有些时候为什么要使用应变片？
5. 简述数据采集系统的基本组成和原理。
6. 简述噪声产生的原因和抑制方法。

第 3 章　力参数测量

轧制力参数测量包括应力应变测量、轧制压力、轧件张力、轧机刚度、轧辊转矩等参数的测量。

3.1　应力应变测量

电阻应变测量的基本方法是根据测量的目的选定测点，贴电阻应变片，组成测量电桥，连接成电阻应变仪，测量受力后的构件的各点应变，然后再根据应力和应变的关系计算出各点的应力。

3.1.1　单向应力状态

由材料力学可知，受单向拉伸、压缩、纯弯等受力状态下的构件，其上任意单元体的应力状态均为单向应力状态。在弹性范围内，存在

$$\sigma_x = E\varepsilon_x$$

其中，E 为构件材料的弹性模量。

对于单向拉伸、压缩、纯弯等受力状态下的应力、应变测量，只要顺着主应力方向贴片即可。

例 1　纯弯曲应力测量，如图 3－1 所示，在弯曲梁的上、下表面贴片。

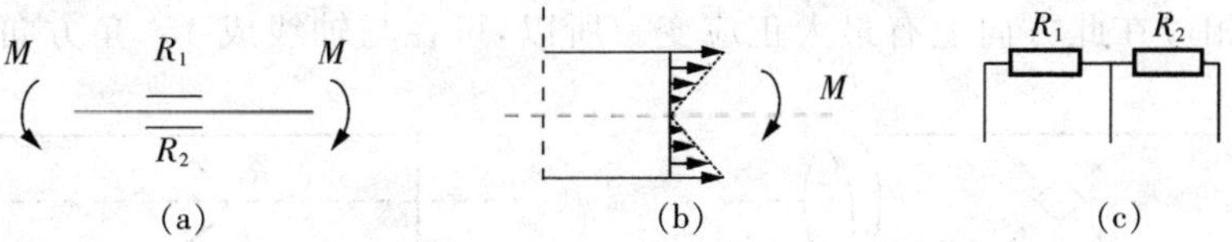

图 3－1　弯矩检测贴片方法

纯弯曲时为单向应力状态，纵向应变正比于曲率且正比于离中性面的距离。采用半桥，则

$$\varepsilon_1 = -\varepsilon_2, \quad \varepsilon_3 = \varepsilon_4 = 0$$

$$\Delta u = \frac{1}{4}u_0 K(\varepsilon_1 - (-\varepsilon_1)) = \frac{1}{2}u_0 K\varepsilon_1$$

梁表面应力最大为：

$$\sigma_1 = E\varepsilon_1, \quad \sigma_2 = E\varepsilon_2 = -E\varepsilon_1$$

弯矩为：

$$M = W\sigma$$

其中，W 为抗弯断面系数。

3.1.2 平面应力状态

平面应力状态的应力应变测量存在主应力方向确定和未知两个方面。

(1) 对于已知主应力方向的平面应力状态的测量，可以用两枚应变片，分别沿两个主应力方向粘贴，测得ε_1、ε_2，由材料力学平面应力应变关系式，可得主应力和最大切应力，进而求得相应载荷。即

$$\sigma_1 = \frac{E}{1-\mu^2}(\varepsilon_1 + \mu\varepsilon_2)$$

$$\sigma_2 = \frac{E}{1-\mu^2}(\varepsilon_2 + \mu\varepsilon_1)$$

$$\tau_{max} = \frac{\sigma_1 - \sigma_2}{2}$$

有时主应力方向已知，但实测中不能沿主应力方向贴片时，可沿任一已知方向(即与主应力方向成夹角 φ 的方向)贴片，但两枚应变片应互相垂直，如图 3-2 所示。

通过图 3-2 即可测出 $\varepsilon_{\varphi1}$、$\varepsilon_{\varphi2}$，再由下式算出：

$$\frac{\varepsilon_1}{\varepsilon_2} = \frac{\varepsilon_{\varphi1} + \varepsilon_{\varphi2}}{2} \pm \frac{\varepsilon_{\varphi1} - \varepsilon_{\varphi2}}{2\cos 2\varphi}$$

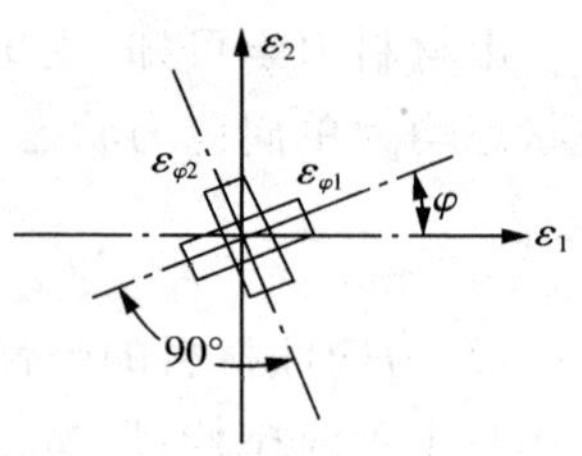

图 3-2 应变片贴片图

例 2 扭矩测量，如图 3-3 所示，圆轴受扭时，其受力状态为平面应力状态，最大正应力发生在轴表面各点与轴线成 45° 角方向，相应在此方向上有最大正应变。所以，可在与轴线成 45° 角方向贴片。

图 3-3 扭矩贴片图

如果如图 3-3 所示将两片子片贴在轴表面，组成半桥，则

$$\varepsilon_1 = \varepsilon, \quad \varepsilon_2 = -\varepsilon$$

所以

$$\Delta u = \frac{1}{4}u_0 K(\varepsilon_1 - \varepsilon_2 + \varepsilon_3 - \varepsilon_4) = \frac{1}{2}u_0 K\varepsilon$$

测得沿 45° 角方向的主应变 ε 后，由材料力学知识，可知受扭圆轴最大切应变和切应

力分别为：

$$\gamma = 2\varepsilon, \quad \tau = G\gamma$$

其中剪切弹性模量为：

$$G = \frac{E}{2(1+\mu)}$$

所以
$$\tau = \frac{E}{2(1+\mu)}\gamma = \frac{E}{1+\mu}\varepsilon$$

上式由平面应力应变关系式，也可得到：

$$\sigma_1 = \frac{E}{1-\mu^2}(\varepsilon_1 + \mu\varepsilon_2) = \frac{E}{1+\mu}\varepsilon$$

$$\sigma_2 = \frac{E}{1-\mu^2}(\varepsilon_2 + \mu\varepsilon_1) = -\frac{E}{1+\mu}\varepsilon$$

$$\tau_{\max} = \frac{\sigma_1 - \sigma_2}{2} = \frac{E}{1+\mu}\varepsilon$$

所以，扭矩为：

$$M = W\tau$$

其中，W 为抗扭断面系数。

(2) 主应力方向未知。实测中，很多情况下主应力方向并不知道，这样，除了 ε_x、ε_y 的大小未知外，加上主应力的方向未知共三个未知数。显然，贴两枚片子列两个方程是解不了三个未知数的。所以，必须在三个不同方向各贴一枚应变片，列三个方程来求解。如图 3-4 所示。

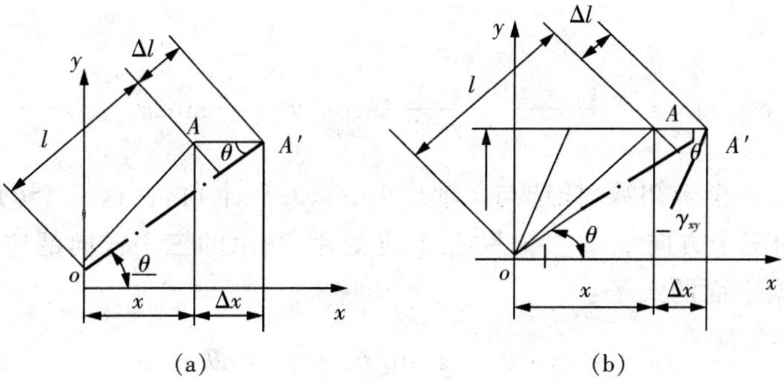

图 3-4 应力求解

在任意 oA 方向贴一片应变片，当 x 方向有应变时，A 移到 A'，x 方向伸长量为 Δx，应变为 $\varepsilon_x = \dfrac{\Delta x}{x}$；$\theta$ 方向伸长量为 Δl，应变为 $\varepsilon_\theta = \dfrac{\Delta l}{l}$。而

$$l=\frac{x}{\cos\theta},\qquad \Delta l=\Delta x\cos\theta$$

所以

$$\varepsilon_\theta=\frac{\Delta x\cos\theta}{x/\cos\theta}=\frac{\Delta x}{x}\cos^2\theta=\varepsilon_x\cos^2\theta$$

同样，当 y 方向有应变时，有

$$\varepsilon_\theta=\varepsilon_y\sin^2\theta$$

对切应变 γ_{xy}，由

$$l=\frac{y}{\sin\theta},\qquad \Delta l=\Delta x\cos\theta,\qquad \frac{\Delta x}{y}=\mathrm{tg}\gamma_{xy}$$

当 γ_{xy} 很小时，$\mathrm{tg}\gamma_{xy}\approx\gamma_{xy}$。所以

$$\Delta x=y\,\mathrm{tg}\gamma_{xy}\approx y\,\gamma_{xy}$$

$$\Delta l=\Delta x\cos\theta=y\,\gamma_{xy}\cos\theta$$

$$\varepsilon_\theta=\frac{\Delta l}{l}=\frac{y\,\gamma_{xy}\cos\theta}{\dfrac{y}{\sin\theta}}=\gamma_{xy}\sin\theta\cos\theta$$

当 ε_x、ε_y、γ_{xy} 在 oA 上同时发生时，则有

$$\varepsilon_\theta=\varepsilon_x\cos^2\theta+\varepsilon_y\sin^2\theta+\gamma_{xy}\sin\theta\cos\theta$$

将三角公式：

$$\sin^2\theta=\frac{1}{2}(1-\cos2\theta)\qquad \cos^2\theta=\frac{1}{2}(1+\cos2\theta)\qquad \sin2\theta=2\sin\theta\cos\theta$$

代入上式，可得

$$\varepsilon_\theta=\frac{\varepsilon_x+\varepsilon_y}{2}+\frac{\varepsilon_x-\varepsilon_y}{2}\cos2\theta+\frac{\gamma_{xy}}{2}\sin2\theta$$

其中，δ_x、θ_y、γ_{xy} 是三个未知数，任选与 x 轴成 θ_1、θ_2、θ_3 三个角，在这三个 θ 角方向各贴一片应变片，设任意的三个方向 φ_1、φ_2、φ_3 贴三个应变片，测出的三个方向的应变 σ_{θ_1}、σ_{θ_2}、σ_{θ_3} 和 ε_{θ_1}、ε_{θ_2}、ε_{θ_3}，再根据下面的式子：

$$\varepsilon_{\theta_1}=\varepsilon_x\cos^2\theta_1+\varepsilon_y\sin^2\theta_1+\gamma_{xy}\sin\theta_1\cos\theta_1$$

$$\varepsilon_{\theta_2}=\varepsilon_x\cos^2\theta_2+\varepsilon_y\sin^2\theta_2+\gamma_{xy}\sin\theta_2\cos\theta_2$$

$$\varepsilon_{\theta_3}=\varepsilon_x\cos^2\theta_3+\varepsilon_y\sin^2\theta_3+\gamma_{xy}\sin\theta_3\cos\theta_3$$

可解出 ε_x、ε_y、γ_{xy}，则 ε_x、ε_y、γ_{xy} 就可解出。

解出 ε_x、ε_y、γ_{xy} 后，再代入下式，可求出主应变 ε_1、ε_2 和主方向与 x 轴的夹角 φ。即

$$\frac{\varepsilon_1}{\varepsilon_2}=\frac{1}{2}(\varepsilon_x+\varepsilon_y)\pm\frac{1}{2}\sqrt{(\varepsilon_x-\varepsilon_y)^2+\gamma_{xy}^2}$$

$$\varphi=\frac{1}{2}\operatorname{arcctg}\frac{\gamma_{xy}}{\varepsilon_x-\varepsilon_y}$$

将主应变 ε_1、ε_2 代入主应力计算公式，即可求出主应力 σ_1、σ_2 及 τ_{max}。

3.1.3　复杂平面应力状态下应力成分的测量

以上情况是在理想状态下进行的计算分析，而在实测中，被测零件往往处于复杂受力状态，若此时只测某一应力成分，必须消除其他应力成分的影响。这就需要分析零件的受力状态，运用电桥特性，正确布片和组桥。

例3　拉伸（或压缩）和弯曲联合作用，只测弯曲所产生应变。

依题意，即要消除拉伸的影响。贴片和组桥如图 3-5 所示。

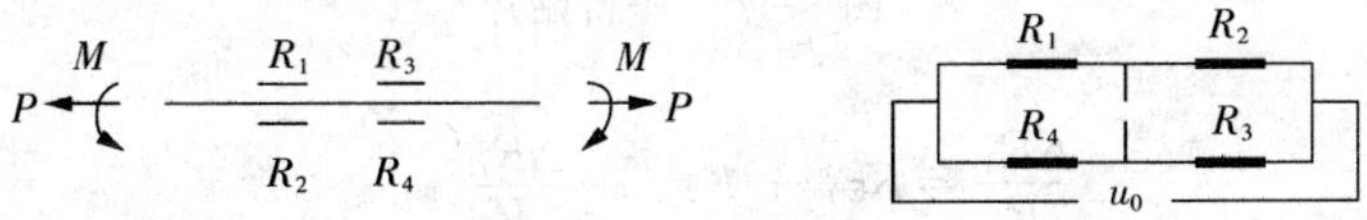

图 3-5　拉伸贴片

当只受拉伸力 P 作用时，各片都受拉，有

$$\varepsilon_1=\varepsilon_2=\varepsilon_3=\varepsilon_4=\varepsilon$$

$$\Delta u=\frac{1}{4}u_0K(\varepsilon_1-\varepsilon_2+\varepsilon_3-\varepsilon_4)=0$$

即电桥无输出。而对弯曲载荷 M、R_1、R_3 受拉，R_2、R_4 受压，即

$$\varepsilon_1=\varepsilon_3=\varepsilon,\quad \varepsilon_2=\varepsilon_4=-\varepsilon$$

$$\Delta u=\frac{1}{4}u_0K(\varepsilon_1-\varepsilon_2+\varepsilon_3-\varepsilon_4)=u_0K\varepsilon$$

例4　拉、弯联合作用，只测拉伸所产生应变。

依题意，即要消除弯矩 M 的影响，如图 3-6 所示。

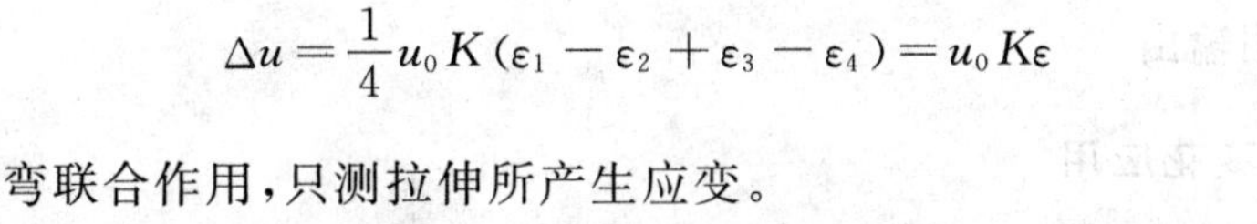

图 3-6　半桥贴片

(1) 采用半桥

当梁只受到弯曲载荷 M 时，R'_1 受拉，产生应变 ε，R''_1 受压，产生应变 $-\varepsilon$，组成一臂，相互抵消。R'_2 产生应变 $-\mu\varepsilon$，R''_2 产生应变 $-\mu(-\varepsilon)=\mu\varepsilon$，组成一臂，相互抵消。所以，如只受 M 作用，电桥无输出。

而在 P 作用下，应变片电阻变化：

$$\Delta R'_1=\Delta R''_1=\Delta R,\qquad \Delta R'_2=\Delta R''_2=-\mu\Delta R$$

所以
$$\Delta R_1=2\Delta R,\quad \Delta R_2=-2\mu\Delta R,\quad \Delta R_3=\Delta R_4=0$$

$$\Delta u=\frac{1}{4}u_0\left(\frac{2\Delta R}{2R}-\frac{-2\mu\Delta R}{2R}+0-0\right)=\frac{1+\mu}{4}u_0\frac{\Delta R}{R}=\frac{1+\mu}{4}u_0K\varepsilon$$

(2) 采用全桥

全桥贴片如图 3-7 所示。

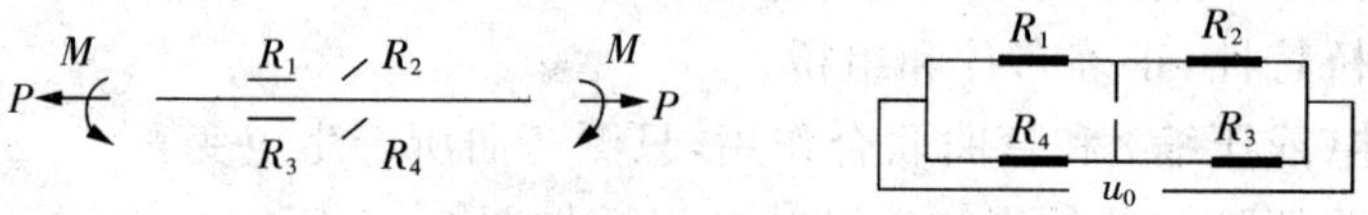

图 3-7　全桥贴片

$$\frac{\Delta R_1}{R}=K\varepsilon_P+K\varepsilon_M+\frac{\Delta R_{t1}}{R}$$

$$\frac{\Delta R_3}{R}=K\varepsilon_P-K\varepsilon_M+\frac{\Delta R_{t3}}{R}$$

$$\frac{\Delta R_2}{R}=K(-\mu\varepsilon_P)+K(-\mu\varepsilon_M)+\frac{\Delta R_{t2}}{R}$$

$$\frac{\Delta R_4}{R}=K(-\mu\varepsilon_P)+K[-\mu(-\varepsilon_M)]+\frac{\Delta R_{t4}}{R}$$

$$\Delta u=\frac{1}{4}u_0\left(\frac{\Delta R_1}{R}-\frac{\Delta R_2}{R}+\frac{\Delta R_3}{R}-\frac{\Delta R_4}{R}\right)=\frac{1+\mu}{2}u_0K\varepsilon_P$$

即只有 P 力作用输出。

3.1.4　应变花应用

由上可知，只要测出三个方向的应变，就可计算出主应变。如果预先确定三枚应变片与 x 轴的夹角，使之成为特殊角，并将三枚片子的敏感栅制作在同一基底上成为一个整体，这就是应变花。应变花对于固定计算公式及贴片操作都有好处。最常用的有 45° 应变花、等角应变花和 T-Δ 应变花。

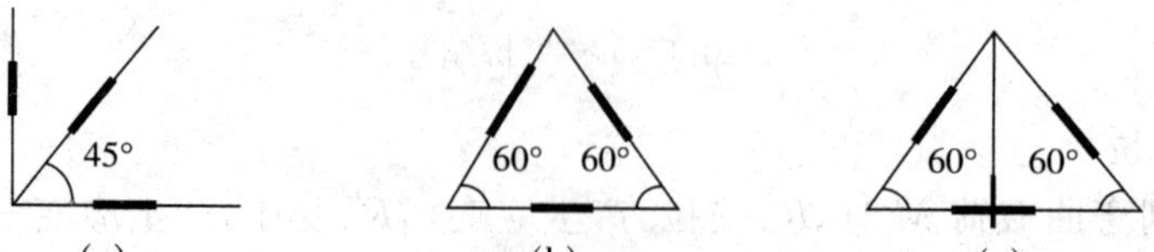

图 3-8　应变花样式

以45°应变花为例,来看应变花的计算:

$$\varepsilon_\theta=\frac{\varepsilon_x+\varepsilon_y}{2}+\frac{\varepsilon_x-\varepsilon_y}{2}\cos2\theta+\frac{\gamma_{xy}}{2}\sin2\theta$$

即当 $\theta_1=0°,\theta_2=45°,\theta_3=90°$ 时,有

$$\varepsilon_{0°}=\frac{\varepsilon_x+\varepsilon_y}{2}+\frac{\varepsilon_x-\varepsilon_y}{2}=\varepsilon_x$$

$$\varepsilon_{45°}=\frac{\varepsilon_x+\varepsilon_y}{2}+\frac{\gamma_{xy}}{2}$$

$$\varepsilon_{90°}=\frac{\varepsilon_x+\varepsilon_y}{2}-\frac{\varepsilon_x-\varepsilon_y}{2}=\varepsilon_y$$

由此解出:

$$\varepsilon_x=\varepsilon_{0°}$$

$$\varepsilon_y=\varepsilon_{90°}$$

$$\gamma_{xy}=2\varepsilon_{45°}-(\varepsilon_{0°}+\varepsilon_{90°})$$

将此值代入主应变和主应力计算公式即可算出主应力与主应变。使用时在零件表面贴应变花,外贴一片补偿片,组成半桥。

3.2　轧制压力测量

轧制压力是轧机三大负荷参数(轧制压力、轧制力矩、电机功率)中最主要的一个参数,因为轧制压力的大小,在一定程度上表明了轧机的负荷水平。压力检测是现代大型轧机的一个必备环节。

3.2.1　轧制压力的概念

为了准确测量轧制压力,首先分析在轧制过程中,轧制压力的传递情况,如3-9所示。在轧制过程中,轧件对上、下轧辊的作用力的合力为 P(图3-9a)。

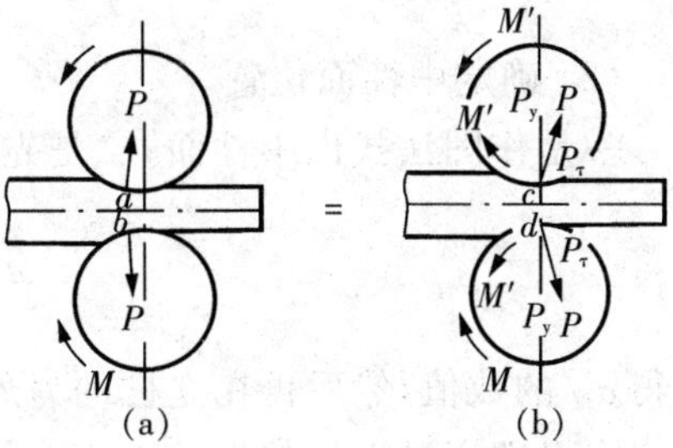

图3-9　轧制压力原理图

根据作用与反作用原理,轧辊对轧件也有一个作用力 P,二者大小相等,方向相反。根据力学原理,可以把合力 P 由 a、b 点平移到 c、d 点,再加上一个力矩 M',两者是等效的。此力矩 M' 与轧辊传递过来的力矩 M 相平衡,而合力 P 可以分解为垂直分力 P_y 和水平分力 P_x。在一般情况下,由于水平分力 P_x 很小(为垂直分力 P_y 的3%～4%),故可以认为,垂直分力 P_y 即

代表轧制压力。因此，测量轧制压力也就归结为测量合力 P 的垂直分力 P_y 值。

3.2.2 轧制压力的测定方法

目前测量轧制压力的方法可分为两大类：一类是直接测量轧机受力部件（如牌坊立柱）的弹性变形或应力；另一类是测量安装在轧机压下螺丝下 M 的测力传感器中的弹性元件本身的弹性变形。

1. 用轧机牌坊立柱作为测力元件

直接测量轧机牌坊立柱的弹性变形或应力（拉应力），以推算出总轧制压力。原理如下：

(1) 机架立柱受力分析

轧制压力作用在轧辊，通过轴承座、压下螺丝、机架横梁，将压力传递给机架立柱，使其受拉伸变形，在弹性范围内，轧机牌坊立柱所产生的变形或应力与其所承受的轧制力呈线性关系。所以，可直接将机架立柱作为敏感元件，在其上贴片。为了正确选择牌坊立柱的贴片位置，首先，必须对其受力状态进行分析。对闭口牌坊，在轧制压力作用下，立柱同时承受拉应力和弯曲应力。

① 最大应力发生在立柱内表面，其值为拉应力 σ_L 和弯曲应力 σ_W 之和。即

$$\sigma_{max}=\sigma_N=\sigma_L+\sigma_W$$

② 最小应力发生在立柱外表面，即

$$\sigma_{min}=\sigma_U=\sigma_L-\sigma_W$$

③ 中性面 $C-C$ 上只有拉应力，没有弯曲应力，即

$$\sigma_Z=\sigma_L=\frac{\sigma_N+\sigma_U}{2}$$

所以，可将应变片贴在中性面上，或在内、外表面各贴一片组成一臂，取其平均值，即

$$u=\frac{1}{4}u_0\ \frac{\Delta R_N+\Delta R_U}{2R}=\frac{1}{4}u_0\ \frac{(\Delta R_N+\Delta R_U)/2}{R}$$

(2) 确定中性面位置

一是作图法找出中性面；二是先测出立柱外表面应力 $\sigma_{内}$ 和 $\sigma_{外}$，由下式得：

$$\sigma_{中}=\sigma_{拉}=\frac{\sigma_{外}+\sigma_{内}}{2}$$

求得 $\sigma_{拉}$ 的数值，然后再在立柱的另外两个表面的不同位置上测量应力 σ。当 $\sigma=\sigma_{拉}$ 时，则此应力点即通过立柱的中性面 $C-C$。中性面找到后，在此位置上贴片测量 $\sigma_{拉}$，再由 $P=\sigma_{拉}F$ 求出轧制压力。

此种方法在立柱断面不复杂时是较为准确的。然而，当立柱断面不对称，形状又复杂时，确定中性面位置就很困难，结果也会有很大误差。布置方法如图 3－10 所示。

实际上，由于牌坊安全系数很大，应力水平很低，因此输出信号很小（约为用测力传感

器时的 1/5)。为了提高传感器的灵敏度，可以采用如图 3－11 所示方法。

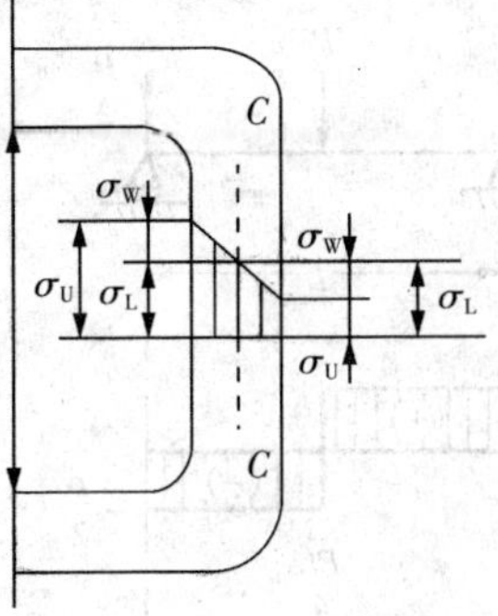

图 3－10　应变片粘贴示意图

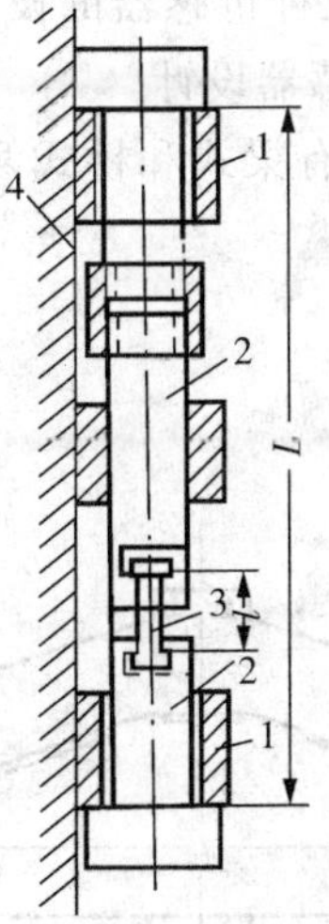

图 3－11　应变拉杆结构安装示意图

1－支架　2－大拉杆　3－小拉杆　4－中性面

具体方法是：采用两个支架 1 焊在牌坊立柱的中性面 4 上，在两个支架 1 之间固定一根大拉杆 2(共分三段)，其间用一很小拉杆 3(基长为 l，其上贴应变片，组成桥路）相连。当大拉杆刚度远远大于小拉杆时，可认为它不发生变形，那么，牌坊立柱的变形主要集中在小拉杆上，其应力 σ' 与牌坊立柱应力 σ 之间有如下关系式：

$$\sigma=\sigma'\frac{l}{L}$$

式中　L—— 两个支架固定点之间的距离；

　　　l—— 小拉杆基长。

由上式可知，小拉杆应力 σ' 比牌坊立柱应力 σ 大 L/l 倍。根据牌坊立柱应力 σ 和立柱横截面积 F，可求出轧制压力：

$$P_{总}=4F$$

由于支架、大拉杆、小拉杆以及各连接部件刚度的影响，实测的 σ 比计算的要小。

2. 专用传感器法测轧制压力

立柱直接法要在现场处理，但现场环境恶劣，实际很难做到。更常用的是设计专用传感器，置于压下螺丝和安全臼之间。而用专用传感器法测轧制压力具有适合现场条件下的短期测量，故目前测量轧制压力多采用专用的传感器。所谓专用的传感器是指对于受轧钢设备的轧制压力大、工作条件差以及安装传感器的位置受到限制等原因，而根据每套轧机的具体条件自行设计和制造的传感器。

按其测量原理，测力传感器可分为两大类：一类叫做压磁式传感器；另一类叫做电阻应变式传感器，它是利用电测法来测量弹性元件在承受负荷时所产生的应变大小来测量轧制力的。

对于电阻应变式传感器，按照其变形方式可分为压缩式(或拉伸式)、剪切式和弯曲式三种，现分别介绍三种传感器的设计。

(1) 弯曲式传感器设计

弯曲式传感器有梁式和桥式两种，桥式传感器的计算可以简化为简支梁，如图 3-12、图 3-13 所示。

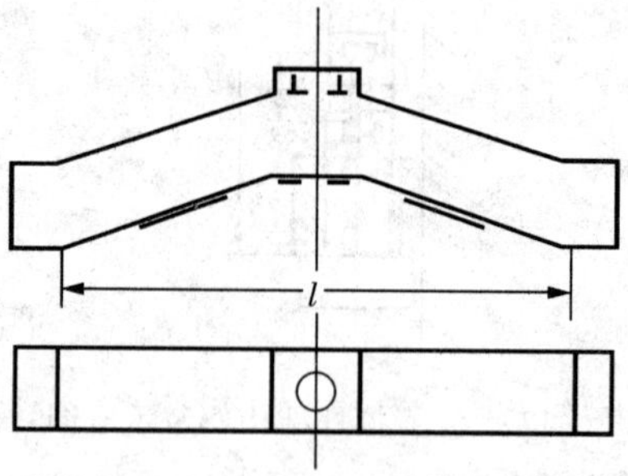

图 3-12　桥式传感器

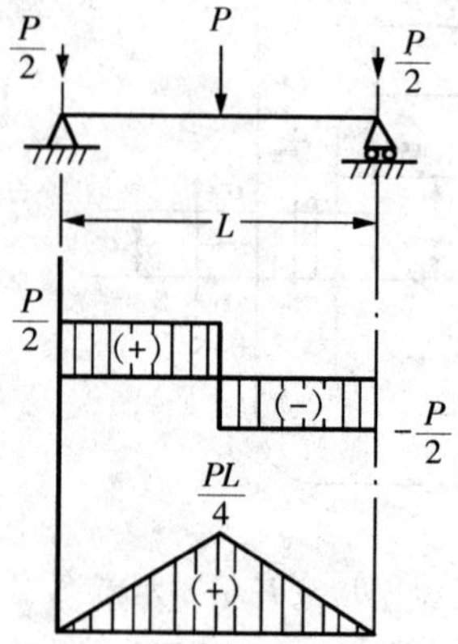

图 3-13　简支梁的切力合弯矩图

由材料力学可知：

$$M=\frac{PL}{4}$$

在额定载荷作用下，选定 BH 断面梁上的水平应力，应满足下式：

$$\sigma=\frac{M}{W}=\frac{3}{2}\cdot\frac{PL}{BH^2}\leqslant[\sigma]$$

故有

$$H\geqslant 1.22\sqrt{\frac{PL}{B[\sigma]}}$$

式中　P—— 轧机单边牌坊所承受的轧制力；

L—— 梁(桥) 的长度(两支点的中心距离)；

B—— 梁(桥) 的宽度；

H—— 梁(桥) 的厚度；

$[\sigma]$—— 梁(桥) 的材料许用应力。

(2) 压缩式(或拉伸式) 传感器设计

弹性元件是测力传感器中关键性元件，它的好坏关系到传感器的精度、灵敏度、线性度和稳定度。因此，必须根据实际情况合理地选用弹性元件材料、几何形状及几何尺寸等。

① 对弹性元件的要求

Ⅰ. 线性好。应变与载荷之间呈线性关系，非线性误差不大于 0.1% ～ 0.5%。

Ⅱ. 抗拉强度大，过载能力强。一般轧机负荷为几十吨、几百吨乃至几千吨，经常出现尖峰负荷，故要选择抗拉强度大的钢材。

Ⅲ. 屈服强度大。受力时，材料弹性变形要大，以保证有较大的输出信号。而去掉外力后又不发生任何塑性变形，以保证良好的回零性，故要选择屈服强度大的钢材。

Ⅳ. 重复性好。弹性滞后和弹性后效要尽可能小，以使加载与卸载曲线重合。

Ⅴ. 灵敏度高，一般为 1 ～ 3mV/V，不小于 1mV/V。

Ⅵ. 热稳定性好。热膨胀系数、弹性模量的温度系数要小，以保证传感沿温飘小。

Ⅶ. 抗氧化、抗腐蚀能力强。因为轧机是在多尘、多水、多油等恶劣环境下工作的，故应选择含有合金元素的优质钢材。

以上这些要求有的是互相矛盾的，因此设计时，要根据具体条件来分析，突出重点，合理解决。

② 弹性元件的材料选择

Ⅰ. 轧制压力大小。若轧制压力不大（几十吨），可选用中碳钢（$45^{\#}$、$50^{\#}$ 等）；若轧制压力很大（几百吨乃至上千吨），就要选用抗拉强度和屈服强度高的材料。一般采用优质合金钢、合金结构钢以及合金工具钢等，以便取得较大的许用应力，提高传感器的灵敏度，减小弹性滞后。对于永久性传感器，还要考虑到疲劳寿命和淬透性，因此一般选用弹簧钢。

Ⅱ. 输出信号大小。为提高传感器灵敏度，希望输出信号大，即弹性变形大。但又不产生塑性变形，故选用屈服强度高的材料，这方面也是合金钢优越。

弹性元件最好选用锻件，为提高其屈服强度和冲击韧性，并使其机械性能均匀，故需进行整体热处理，使其硬度达到 45 ～ 50HRC。有时为了减小残余应力，还应进行时效处理。

弹性元件的上、下两个受力端面应研磨，其平行度误差应小于 0.01mm，以改善其接触条件。粘贴应变片的表面光洁度应为 ▽6。同心圆误差应小于 0.01 ～ 0.02mm。

③ 弹性元件的几何形状和几何尺寸

弹性元件的几何形状很多，如圆柱形、方柱形、圆环形（圆筒形）以及双曲面形等。但在轧机测定中，多采用圆柱形和圆筒形，现介绍这两种形状设计的要点。

Ⅰ. 直径。

圆柱形：
$$D \geqslant 2\sqrt{\frac{P_{\max}}{\pi[\sigma]}}$$

圆筒形：
$$d \leqslant \sqrt{D^2 - \frac{4P_{\max}}{\pi[\sigma]}}$$

式中　D—— 弹性元件外径，mm，等于或略小于压下螺丝直径；

d—— 弹性元件内径，mm；

$P_{\max}$—— 轧机单边牌坊允许的最大轧制力，kg；

$[\sigma]$ —— 弹性元件材料的许用应力，kg/mm²，$[\sigma] \approx \left(\frac{1}{3} \sim \frac{1}{4}\right)\sigma_s$。

Ⅱ. 高度。

考虑两条原则:使横截面上变形均匀;侧向稳定性要好。

由圣维南原理可知,当圆柱体 $H/D \gg 1$ 时,该圆柱体的应力与作用在端面上的载荷性质及接触条件无关。也就是说,圆柱体越高细,变形越均匀。当 $H/D=2$ 时,应变分布误差为 3%。

所以,为使贴片部位变形均匀,弹性元件应足够高。然而,这一方面受机架牌坊窗口高度的限制,同时受侧向稳定性要求的限制。综合以上因素,建议圆柱体、圆筒体高度为:

$$H \geqslant 2D + L$$

$$H \geqslant D - d + L$$

式中　H—— 弹性元件高度,mm;

　　　L—— 应变片基长,mm。

对于大型轧机,为满足以上要求,可采用组合式传感器,即以多个弹性元件组成一个大型传感器。

3.2.3　应力标定(刻度)

(1) 用高压油泵和油缸标定

把油缸放在两个轧辊中间加压直接标定。对于四辊轧机,由于辊缝太小,需将工作辊抽去后再放入油缸。对于型钢轧机,则需抽走中辊,将油缸放在牌坊窗口中顶轧辊。由于此法麻烦,又影响生产,故不常用。

(2) 用等强度梁(刻度梁) 标定

在等强度梁上贴片,其性能、数量、粘贴工艺、组桥方式、仪器性能和工作状态以及梁体材料等均应与牌坊立柱的相同,因而可将等强度梁上得出的结果应用到牌坊上去。然后,给梁逐渐加载(砝码),记录下各对应载荷的输出信号。于是得到的应力(或应变) 与输出信号(如光点高度) 之间的线性关系,可作为实测时根据输出信号来定量确定应力(或应变) 值的标准。

总体而言,用已知大小载荷作用在传感器上,以便确定出标准载荷与输出信号之间的关系。压力传感器可在材料试验机上进行,给定一系列标准载荷,测得相应输出信号,作出标定曲线,即可拟合出输入-输出关系式。

3.3　传动轴扭矩测量

3.3.1　测量原理

由材料力学可知,受纯扭转的轴,沿其轴向的正应力为零,因扭矩作用而产生切应力 τ 和主应力 σ。切应力作用在两个互相垂直的面上,一个与轴线平行,另一个与轴线垂直。主应力也有两个,一个是拉应力 σ_1(设为正),另一个是压应力 σ_3(设为负),它们分别作用在与轴线成 45° 和 135° 的方向上，其绝对值相等，且等于最大切应力，即扭矩：

$$M=W\tau=W\frac{E}{1+\mu}\varepsilon$$

$$\tau=|\sigma_1|=|\sigma_2|$$

对圆轴，抗扭断面系数为：

$$W=\frac{\pi}{2}R^3=\frac{\pi}{16}D^3\approx 0.2D^3$$

所以

$$M=0.2\cdot\frac{ED^3}{1+\mu}\varepsilon$$

其中，ε 为与轴线成 45° 或 135° 方向上的应变。测量方法可用半桥，也可用全桥。采用全桥时，注意片子的布置，如图 3-14 所示。

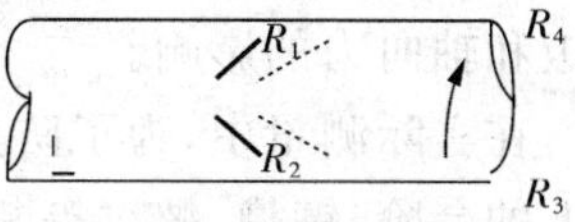

图 3-14　扭矩全桥贴片图

由上式可知，测量扭矩可归结为测量轴体表面上的主应变（拉应变 ε_1 或压应变 ε_3），因此测量扭矩的实质就是测量切应力引起的主应变。因为主应变方向与轴线成 45° 和 135°，所以，要把应变片贴在与轴线成 45° 或 135° 的方向上，即可测出主应变，从而计算出扭矩。

根据力学原理，当轴受扭转时，相距 l 的两截面间会产生一扭转角。为求得扭转角与扭矩间的关系，设轴上离开固定截面距离 x 处截面上的扭转角为 $\varphi_{(x)}$：

$$\varphi_{(x)}=\int_0^{\varphi_{(x)}}\mathrm{d}\varphi=\int\frac{M_k}{GJ_p}\mathrm{d}x$$

若 $\frac{M_k}{GJ_p}=C$，则有：$\varphi_{(x)}=\frac{M_k}{GJ_p}x$

当 $x=l$，$\varphi_{(x)}=\varphi$ 时，相距 l 的两截面的相对扭转角 φ 为：$\varphi=\frac{M_k}{GJ_p}l$。对于实心圆轴 $J_p=\frac{\pi D^4}{32}$，则

$$\varphi=\frac{32M_l}{\pi GD^4},\quad M_k=\frac{\pi GD^4\varphi}{321}$$

式中　φ—— 扭转角；

J_p—— 极惯性矩；

G—— 剪切弹性模量；

M_k—— 扭矩；

l—— 两测量点间的距离；

D—— 被测轴的直径。

由上式可知，当测出轴上两点间的相对扭转角 φ，则 M_k 可求。

3.3.2 测量方法

1. 非电量电测法

目前最常用的办法是电阻应变片测量法，它将电阻应变片直接贴在被测轴或中间弹性元件上。这样，通过电阻应变片将传动零件因受扭矩作用而产生的应变转换成电量，然后进行测量。这种测量方法，往往由于不能直接测量轧辊的力矩（只能测量接轴力矩），因此测得的结果总是包括轧辊辊颈的摩擦力矩。这种方法的另一特点是需要采用集电装置，以便将转动轴上的电信号引至应变仪。因此，在轧制力矩测试中，关键性问题是设计合理的集电装置。

(1) 贴片

从前面的分析可知，应将电阻应变片贴在与轴线成 45° 的方向上，测出主应变（主应力），可知切应力 τ 值。根据扭矩量分析，在同一截面上彼此互相垂直地贴 4 片，即以消除弯矩和轴向力的影响。

在实际测量中，为了防止其他外界因素的影响，选择轴的贴片位置时，应尽可能远离轴上的台阶、键槽、螺纹等断面尺寸变化区、轴承摩擦发热区以及冷热风口管路等，以提高测量精度。因为这些断面尺寸变化处会造成轴表面的应力集中，直接影响到测量结果。实验结果表明，当贴片位置到轴断面变化处之距离超过轴的半径时，则应力集中对测量结果的影响不超过 4%。

为了保证应变片在轴上的粘贴方向位置准确，最好应先用坐标纸定轴的周长，再按半周长定出 0 ～ 180° 的对称位置，沿 45° 方向，按应变片尺寸刻成贴片孔（样板），将它绕在轴上，然后在样板孔中贴片。

应变片的粘贴方向要准确，否则会引起误差。根据平面变形计算，纯切变形时，任意角度的线应变为：

$$\varepsilon_\alpha = \frac{\gamma}{2}\sin 2\alpha$$

(2) 组桥

为进一步消除弯矩的影响，应将对称于轴线的两枚应变片接在全桥的相对臂或半桥的同一臂上。

① 半桥接法：将两枚受拉应变片 R_1 和 R_3 串联在一起作为电桥的一臂，将另外两枚受压应变片 R_2 和 R_4 串联在一起作为电桥的另一臂，而另外两个桥臂则在应变仪所备的电桥盒内。此法的优点是集电环只需三条滑道，比全桥少了一条。缺点是集电装置的各接触点处于电桥回路之内。而各接触点的滑动接触电阻变化数值又不相等，使电桥失去平衡，输出一个信号。此信号势必与测量（应变）信号混在一起被记录下来，故给测量带来较大的误差，有时甚至超过被测信号，所以建议尽可能不采用半桥路法。

② 全桥接法：将两枚受拉应变片 R_1 和 R_3 分别接在电桥的相对臂上，而另两枚受压应变片 R_2 和 R_4 则分别接在电桥的另一相对臂上。此法的优点是集电装置的各接触点处于电桥回路之外，各接触电阻 R_B、R_D 和 R_A、R_C 分别串联在全桥和输出电路上，故接触电阻

变化对电桥平衡无影响。因此，采用全桥接法可使接触电阻对测量结果的影响减至最低程度，这就大大减小了测量误差。在全桥电压不变的情况下，全桥接法灵敏度比半桥接法大一倍，所以，目前大多采用全桥接法。但这时所用的应变仪必须备有全桥测量时用的平衡装置。其缺点是集电环比半桥多了一条滑道(四条)。

试验表明，采用全桥接法，滑动接触电阻变化 0.1Ω 时，对测量结果无影响；滑动接触电阻变化 0.2Ω 时，对测量结果只有 1.1% 的影响。因此，全桥接法对集电装置的技术要求不苛刻。反之，采用半桥接法时，滑动接触电阻处于电桥之内，因此，接触电阻的变化就相当于工作臂电阻的变化，就会直接影响到测量的结果。

综上所述，无论从提高测量电桥的灵敏度还是从减少测量误差来说，都是采用全桥接法为佳。

③ 预放大法：由于传动轴受扭矩作用时，应力水平比较低，故使应变片产生的电阻变化值很小。这样电桥输出信号比较弱，受集电装置接触电阻影响比较大。

为了进一步消除接触电阻的影响，可在转动轴上安装一个由线性集成电路(8FC2、8FC3、BG305 等)制成的直流放大器，将电桥输出信号先经定流放大器放大，再将放大后的信号经集电装置引至记录器记录。这样电桥与放大器之间没有接触电阻，同时电桥的平衡机构也设在电桥内，使之均不受接触电阻的影响。放大后的信号很强(可放大几百倍)，再经集电装置输出时，使得接触电阻变化引起的测量误差减至最小限度。

此法的优点是可使集电环数目减少，若用干电池时，则可用一条滑道。若外接电源时，再用两条滑道。缺点是温飘较大，要求环境温度变化要小。此外，调整电桥平衡时，需停机进行，影响生产。

2. 电量测量法

首先测出电机的功率和转速，以换算成电机力矩，然后再推算出轧制力矩。这种方法现场使用比较方便，也有一定的可靠性。缺点是计算麻烦，工作量大，精度差。因为电机力矩和轧制力矩是有一定差别的，换算时传动零件转动惯量的影响也不易计算准确，特别是带飞轮的驱动系统。此外，当一台电机带动两个轧辊时，只能得到总力矩，不能分别得到上、下辊的力矩。尤其是当一台电机同时带动几架轧机时，则每架轧机的力矩就更难确定了。但是，对于横列式轧机，可采用先使一架工作，其他几架脱开或空转的办法来分别测定。

下面以稳定轧制过程 < 不稳定轧制过程为例，讨论根据轧机及其主电机的特性，确定轧制力矩的方法。稳定轧制，可用下式计算电机力矩 M_D：

$$M_D = 0.716\frac{N}{n}$$

式中　N—— 电机功率，kW；

　　　n—— 电机转速，r/min。

此时轧制力矩 $M_{轧}$ 为：

$$\frac{M_{轧}}{i\eta} = M_D - M_{空转} - M_{摩擦}$$

式中　i—— 减速箱的速比；

η—— 整个传动系统的传动效率；

$M_{空转}$—— 空转力矩(推算到电机轴上)；

$M_{摩擦}$—— 轧制时的摩擦力矩(推算到电机轴上)。

对于直流电动机的功率，可测出其电枢电流 I 和电压 U，然后用下式计算：

$$N = 1.36IU \times 10^{-3}$$

当转速变化不大，并且不计动力矩时，可用转速表测量。如果用示波器记录转速变化曲线时，则用测速发电机测量。

3.3.3 集电装置

1. 集电装置(引电器)

其作用是将旋转轴上的被测信号引至固定不动的应变仪，以便放大和记录。集电装置一般有以下几部分组成：

(1) 集电环(滑环)

通常是由两个半圆形的绝缘材料所构成，和转动轴固定在一起转动。在要求较高的场合下，其表面要镀银抛光，将其两端用木螺丝或铆钉固定在集电环的两个剖面上。在铜带断头焊上导线，以便与应变片引线连接。然后将两个半圆环扣在一起，用螺栓连接起来。在其接缝处用铜片填平，用焊锡焊牢、抛光，以保证铜刷与铜带接触良好，然后将应变片引线分别与集电环导线相连。

(2) 电刷

主要从转动着的集电环上引下电信号，送给应变仪和记录器。如图 3-15 所示。

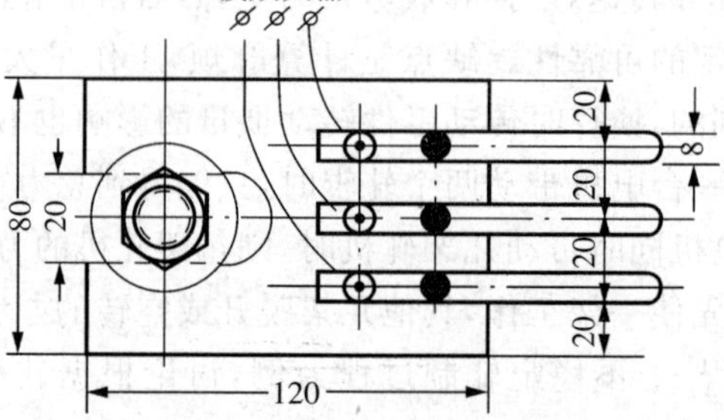

图 3-15 电刷示意图

有时为加强压板弹性，可以采用组合式电刷，电刷由不同长度的三块不锈钢压板构成，因此弹性较好。

(3) 电刷架

一般固定在转动轴附近的刚性构件上，固定电刷。

2. 集电装置的种类

(1) 非接触式集电装置

包括感应式、无线电近程遥测等。感应式集电装置要求加工、安装、调整精度很高，目前使用很少。

（2）接触式集电装置

包括电刷式、拉线式和水银式等，前两种由于其结构简单较为常用，结构如图 3－16 所示。

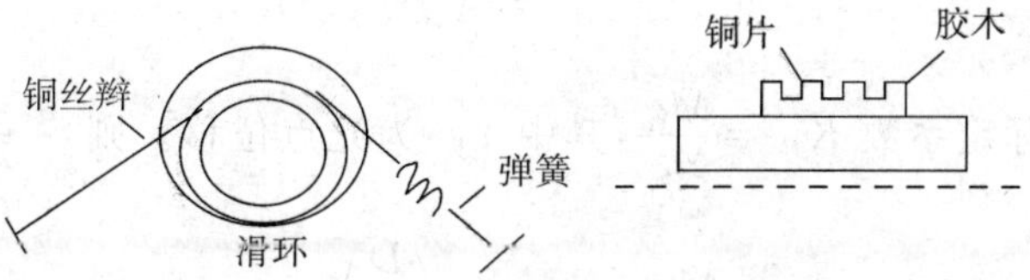

(a)拉线式

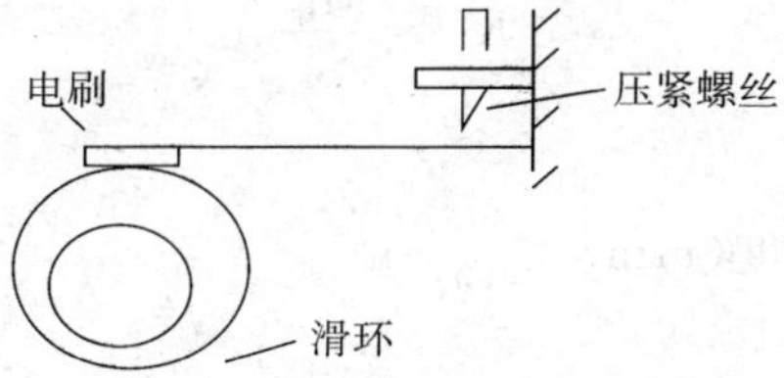

(b)电刷式

图 3－16　接触式集电装置示意图

注意事项：

① 对于拉线式，拉线包角视轴径而定，一般在 30°～90°之间，包角太小，易接触不良，当轴发生跳动时有脱离接触的危险；包角太大，则磨损快。因此，为减少拉线与集电环铜带之间的摩擦，需要在二者之间加入少量白凡士林或石墨碳刷粉末与机油的混合物。

② 对于电刷式，要求在每一条滑道上，应对称配置 2 ～ 4 个或者更多电刷，最少不能少于两个，以防由于集电装置振动、偏心等影响电刷接触。各电刷要并联以减少接触电阻，使集电装置工作稳定。电刷偏离集电环径向线 7°(其方向与转动方向相反）最为适宜。倾角随着集电环转速的提高而增大，接触压力也应随倾角增大而相应增加。有倾角的集电装置只允许顺着一个方向转动，不得逆转。电刷和滑道的接触压力一般为 6 ～ 8kg/cm²，最小不能小于 2kg/cm²。有实验证明，以 1.4 ～ 2.1kg/cm² 比较合适。

3.3.4　扭矩标定

1. 直接标定

对小轴，一端卡住，一端固定，加砝码标定。对大轴，用吊车盘轴，在吊车提升机械上安装可读测力计。

模拟小轴法标定，制作一个同样材质、同样贴片工艺的小轴，在扭转试验机上或加载支架上加载，作出标定曲线。因为

$$\tau_{标}=\frac{M_{标}}{0.2d^3},\qquad \tau_{实}=\frac{M_{实}}{0.2D^3}$$

式中　$\tau_{标}$、$\tau_{测}$ —— 小轴和大轴的切应力；

d、D—— 小轴和大轴贴片处的直径。

当两轴测试条件及输出值相等时，两轴产生的切应力相等，即

$$M_{实}=M_{标}\left(\frac{D}{d}\right)^{3}$$

再由标定曲线求得标定系数 $K_{标}=\frac{M_{标}}{Y_{标}}$，其中 $Y_{标}$ 为光点位移。则

$$M_{实}=K_{标}\,Y_{标}\left(\frac{D}{d}\right)^{3}$$

$$K_{m}=\frac{M_{标}}{S_{标}}$$

式中　K_m—— 标定系数；

S_m—— 实测光点高度(mm)

2. 应变梁法

在应变梁的上、下表面各贴两枚应变片，组成电桥。要求应变片性能、贴片工艺、组桥、测显仪器以及导线等均与实测条件相同。在应变梁上加载，求出标定曲线。

由于应变梁和实测轴的应力状态不同，故其应力-应变关系也不同。应变梁是单向应力(拉、压) 状态，线应变 $\varepsilon=\frac{\sigma}{E}$，而实测轴是平面应力状态，其应变为：

$$\varepsilon_{45^\circ}=(1+\mu)\,\frac{\sigma_{45^\circ}}{E}$$

当应变梁与实测轴的测试条件、输出值相同时，则表示二者产生的应变相等，即 $\varepsilon=\varepsilon_{45^\circ}$，于是得到应变梁上的正应力 σ：

$$\sigma=(1+\mu)\sigma_{45^\circ}$$

$$l=\sigma_{45^\circ}=-\frac{\sigma}{1+\mu}$$

式中　σ_{45°—— 实测轴与其轴线成 45° 角截面上的正应力。

应变梁上产生的正应力 σ 为：

$$\sigma=\frac{M}{W}=\frac{6PL}{BH^{2}}$$

从而得到：

$$M_{测}=\frac{0.2D^{3}}{1+\mu}\,\frac{PL}{\frac{1}{6}BH^{2}}=\frac{1.2D^{3}}{(1+\mu)BH^{2}}PL$$

式中　D—— 实测轴贴片处外径，mm；

B—— 应变梁贴片处宽度，mm；

H—— 应变梁贴片处厚度，mm；

P—— 应变梁承受的载荷，kg；

L—— 加载点至应变片的距离，mm。

得到

$$M_{测}=0.2D^3\frac{\sigma}{1+\mu}=0.2D^3\frac{K_m S_m}{1+\mu}$$

$$K_m=\frac{\sigma}{S_{标}}$$

式中　K_m—— 标定常数。

3. 并联电阻法

在选定的某桥臂上并联一个固定阻值的电阻 R_x，其值是按给定应变计算的。并联后算出相应的光点高度，即为给定的应变值曲线。

根据下式：

$$M_{标}=0.2D^3E\varepsilon_{给定}$$

$$M_{测}=K_m S_m$$

对于 R_x 的球阀，当 R_x 并联桥臂后，臂阻值由 R 变为$\frac{R_xR}{R_x+R}$，故

$$\Delta R=R-\frac{R_xR}{R_x+R}=\frac{R^2}{R_x+R}$$

等式两端同时除以 R，得

$$\frac{\Delta R}{R}=\frac{R}{R_x+R}$$

$$R_x+R=\frac{R}{K\varepsilon}$$

所以

$$R_x=\frac{R}{K\varepsilon_{给定}}-R$$

当 R、K 和 $\varepsilon_{给定}$ 给出后，R_x 即可算出。

当全桥接法时，为使其等效，则

$$R_x(全)=\frac{R}{4K\varepsilon_{给定}(1+\mu)}-R$$

当半桥接法时，则

$$R_x(半)=\frac{R}{2K\varepsilon_{给定}(1+\mu)}-R$$

式中　R—— 桥臂阻值；

K—— 应变片灵敏系数；

$\varepsilon_{给定}$—— 给定应变值。

此法为现场使用方法，标定精度也较高，但必须正确选取 E 和 μ 值。标定时，将固定电阻 R_x 并联在集电环处，这样可以不计导线的影响。

4. 应变仪给定应变法

凡是带有标定装置的应变仪都可以使用此法，但仪器给定的应变值是按标准阻值120Ω、灵敏系数 $K=2$ 和短导线设计的，因此必须加以修正。修正后的应变值为：

$$\varepsilon_n=\frac{\varepsilon_{给定}K_0}{K_nK_tK_l}=K\varepsilon_{给定}$$

式中 $\varepsilon_{给定}$—— 仪器给定应变值；

K_0—— 以其设计灵敏系数，一般 $K_0=2$；

K_n—— 实测用应变片灵敏系数；

K_r—— 应变片阻值与标准阻值不同时的修正系数(查应变仪说明书)；

K_l—— 导线过长时的修正系数(查应变仪说明书)；

此法与并联电阻法原理相同，也是用一臂标定，因此为使与四臂工作等效，全桥必须使 $\varepsilon_n\times4(1+\mu)$，并用相同方法计算 M。若现场没有其他标定条件，可使用此法，但修正计算繁杂，一般情况下很少采用。

3.4　轧件张力测量

在卷带生产中，要求张力恒定，因而张力的检测与控制是必不可少的。张力测量首先是通过张力辊和导向辊将张力转换成对张力辊的压力，然后由张力传感器测出，最后按力三角形计算出张力大小，如图 3－17 所示。

(1) 对单机座可逆式冷轧机，张力由卷取机产生，在机架和卷取机之间设置有专用张力辊，在张力辊轴承座下面安装张力传感器。

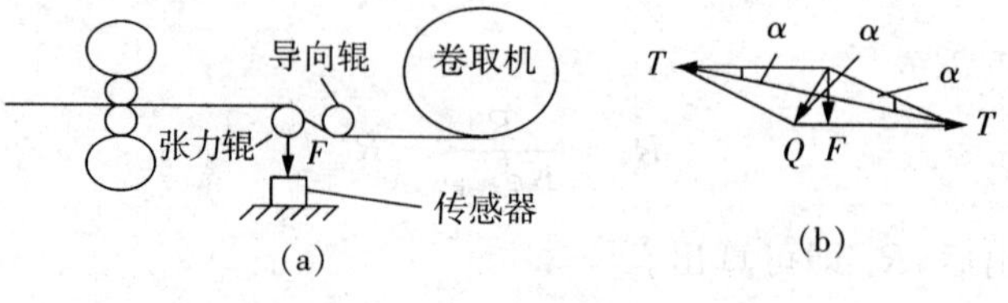

图 3－17　张力测量示意图

由图 3－17 可知，张力的合力 Q 为：

$$Q=2T\sin\alpha$$

$$F=Q\cos\alpha=2T\sin\alpha\cos\alpha=T\sin2\alpha$$

所以

$$T=\frac{F}{\sin2\alpha}$$

又因为张力辊两端各有一个传感器，即 $F=F_1+F_2$，所以

$$T=\frac{F_1+F_2}{\sin 2\alpha}$$

从上可以看出，对于使用两个传感器测量轧制力时，如果传感器的安装倾斜角度不同，则其力三角形不同，因而得到的轧制力的公式也不同。如图 3-18 所示。

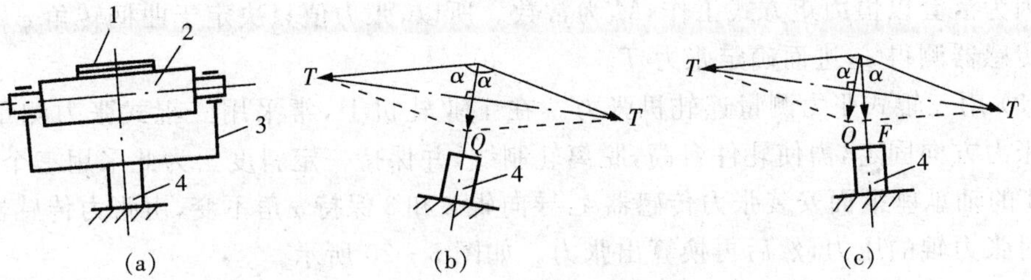

图 3-18　张力测量的传感器摆放图与力矩关系

1—带钢　2—张力辊　3—支架　4—张力传感器

① 若是倾斜安装，则带钢 1 的张力有：

$$T=T_{左}+T_{右}=\frac{Q_{左}+Q_{右}}{2\cos\alpha}$$

② 若是两个张力传感器垂直安装，则得张力 T 为：

$$T=T_{左}+T_{右}=\frac{F_{左}+F_{右}}{\sin 2\alpha}$$

(2) 对连轧机，若是用曲柄式活套支撑器来调节张力，该活套是以恒力矩方式工作的。所受力如图 3-19 所示。

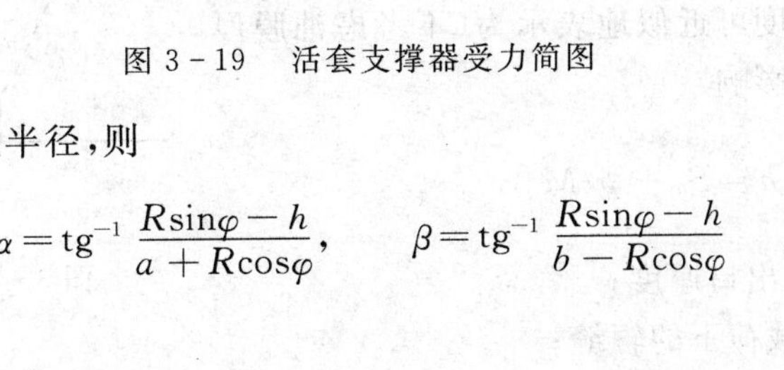

图 3-19　活套支撑器受力简图

如果忽略活套小辊半径，则

$$\alpha=\mathrm{tg}^{-1}\frac{R\sin\varphi-h}{a+R\cos\varphi},\qquad \beta=\mathrm{tg}^{-1}\frac{R\sin\varphi-h}{b-R\cos\varphi}$$

又曲柄半径转矩：

$$M=NR\cos\varphi=(T\sin\alpha+T\sin\beta)R\cos\varphi$$

所以

$$T=\frac{M}{(\sin\alpha+\sin\beta)R\cos\varphi}$$

将 α、β 的表达式代入上式，得

$$T=f(M,\varphi)=f(\varphi)$$

因为活套以恒力矩方式工作，M 为常数。所以，张力值只决定于曲柄转角 φ。可用角位移传感器测得 φ，进而确定张力 T。

(3) 用三辊式张力测量连轧机张力。在工业轧机上，常采用三辊式张力测量装置。为使张力方向固定，需使轧件台高，脱离轧制线，并保持一定斜度。为此采用三个辊，在张力辊 1 的轴承座下面安装张力传感器 4，导向辊 2 和 3 保持 α 角不变，由张力传感器 4 测出轧件对张力辊的压力，然后再换算出张力。如图 3－20 所示。

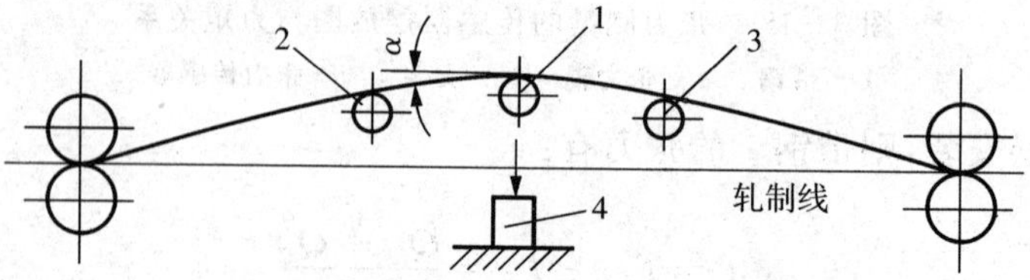

图 3－20　三辊式张力测量装置示意图

1－张力辊　2，3－导向辊　4－传感器

3.5　轧机刚度测试

当轧机开始承受载荷时，那些传递载荷的轧机构件将发生挠曲和变形，从而使辊缝产生额外的变化，其变化程度的大小将取决于轧机结构刚度的大小。而刚度可以表述成轧辊直径、轧辊凸度、轧辊压扁、压下螺丝及附件、液压缸及附件、轴承油膜的厚度、辊缝润滑剂膜层厚度、轧件宽度等参数的函数，如图 3－21 所示。这些因素对轧机刚度的影响，可以从下面弹跳方程的公式来分析。

图 3－21 中 A' 为轧机压靠曲线，A 为轧机弹性曲线，S_0 为空载辊缝，h 为轧后轧件厚度，P 为轧制力。因此轧后的轧件厚度可近似地表示为(不考虑油膜厚度变化及其他因素影响)：

$$h=S_0+p/M$$

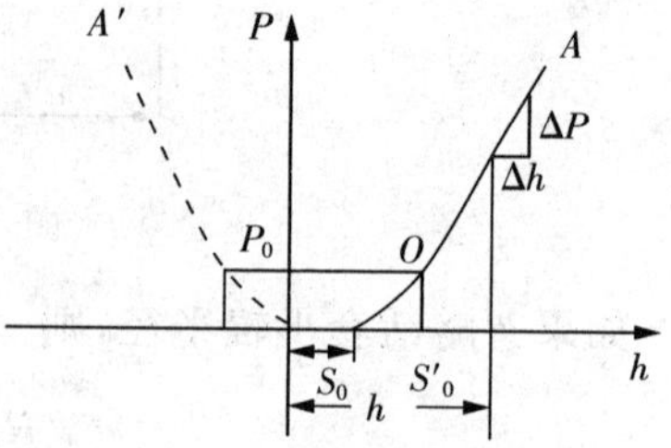

图 3－21　轧机弹性曲线

式中　h—— 轧件出口厚度；

S_0—— 空载荷下的辊缝；

P—— 轧制力；

M—— 轧机刚度。

上式称为机座的弹跳方程，它表示了轧件厚度与空载辊缝、轧制力和轧机刚度系数之间的关系。

在弹跳方程曲线图中，曲线 A 的斜率代表轧机刚度，M 的表达式为：

$$M=\frac{\Delta P}{\Delta S}=\tan\alpha$$

轧制时，轧机由于机座各零件间的非线性接触变形不稳定，每次换辊之后都有变化，故弹跳曲线的非直线部分是经常变化的。在实际生产中，为了消除上述不稳定和非直线段的影响，采用人工零位法进行轧制。在轧制前，空载状态时先将轧辊摆辊到一定的压力 P_0，并将此时的辊缝设为零，称为人工零位。在压靠曲线 A' 上，当压靠力为 P_0 时，轧辊空载辊缝为 S_0；当压靠力等于零时，实际空载辊缝为零。与压靠曲线完全对称的曲线 A 为在此辊缝下的轧机弹性曲线。当轧机压力为 P_0 时，机座弹性变形量为 S'_0，有载实际辊缝则为 $S_0+S'_0$，弹跳方程又可以表示为：

$$M=S'_0+\frac{P-P_0}{M}$$

描述轧机的特性曲线的弹跳方程是轧机自动厚度控制系统（AGC）中的一个基本方程，它揭示了弹性变形对板带材的影响；在实际操作中，要根据弹跳方程来确定轧辊空载辊缝（摆辊缝）；可以用来作为间接测量轧件厚度的基本公式。因此，对轧机特性曲线的回归与参数估计，对改善控制效果、提高产质量有重要意义。

轧机刚度主要通过实测法来确定，一般采用以下两种测定方法。

1. 轧制法

在冷轧机上，轧件的厚度可以精确测量，一般采用轧制法；在热轧上主要采用轧制铝板的方法。

2. 轧辊压靠法

轧制法不可能在生产中多次经常进行，大轧机用轧制法也较为困难，故一般采用轧辊压靠法。用轧辊压靠法测定时，轧辊中没有轧件。轧辊一面空转，一面调整压下螺丝，使上、下工作辊直接接触压靠，同时采集轧机弹性变形和轧制力，从而获得轧机刚度[7]。

以国内某钢厂实测数据处理为例：

(1) 信号采集

分别采用压力传感器和位移传感器，采集轧机压靠时的轧制力信号和位移信号用于分析。其中，P_{ds} 为传动侧轧制力信号；P_{0s} 为操作侧轧制力信号；S_{ds} 为传动侧位移信号；S_{0s} 为操作侧位移信号。

(2) 轧机压靠分析

取操作侧轧制力与传动侧轧制力之和 $P=(P_{ds}+P_{0s})$ 为总轧制力，液压缸平均位移 $S_b=(S_{ds}+S_{0s})/2$。由于针对预压靠曲线测得数据，而轧机弹性曲线与预压靠曲线对称，二者的斜率互为相反数，所以对于预压靠曲线，可将弹跳方程式变形为：

$$h = S_0' + \frac{P - P_0}{(-M)}$$

设 $P' = (P - P_0)$，则有

$$P' = MS_0' - Mh$$

根据上述方程得到轧机总轧制力和液压缸平均位移，如图 3－22，图 3－23 所示。

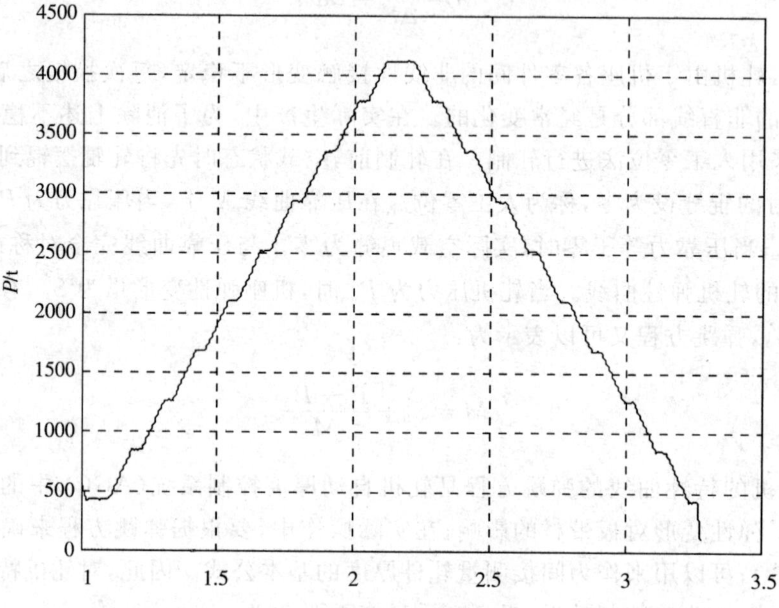

图 3－22　总轧制力图

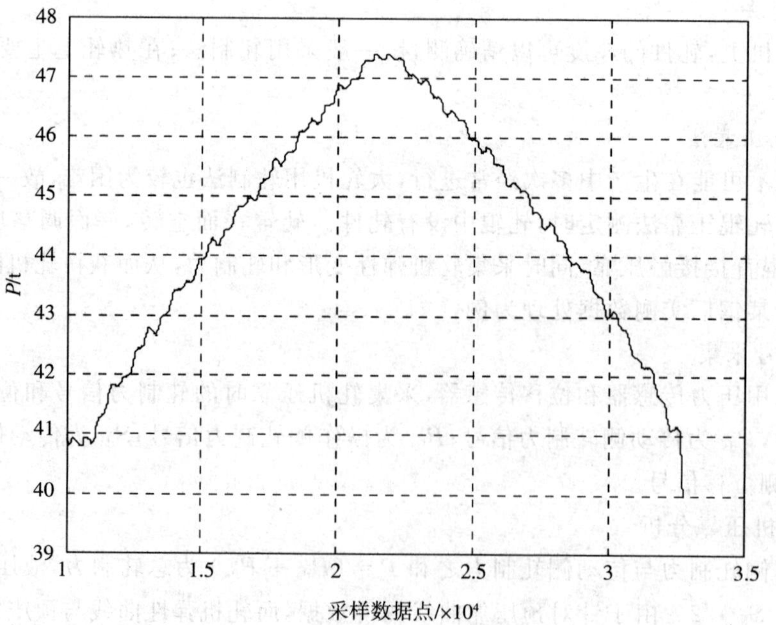

图 3－23　液压缸平均位移图

采用最小二乘法计算，设

$$Y=\begin{bmatrix}\sum P_1\\ \vdots \\ \sum P_n\end{bmatrix},\quad X=\begin{bmatrix}\bar{S}_1\\ \vdots \\ \bar{S}_n\end{bmatrix},\quad \theta=\begin{bmatrix}M\\ -Mh\end{bmatrix}=\begin{bmatrix}a\\ b\end{bmatrix}$$

得

$$Y=X\theta$$

根据最小二乘法准则，为使性能指标（方差之和）$J=(Y-X\theta)^T-(Y-X\theta)$ 最小，则

$$\hat{\theta}=\begin{bmatrix}\hat{a}\\ \hat{b}\end{bmatrix}=(X^TX)^{-1}X^TY$$

对轧机压靠曲线在轧制力较小的一段采用非线性回归，在轧制力较大的一段采用线性回归，得到轧机压靠曲线，如图 3－24 所示。

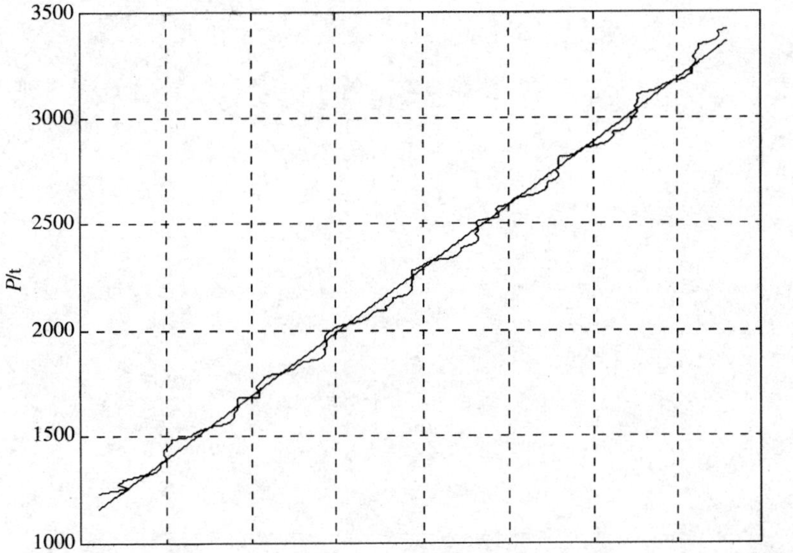

图 3－24　轧机刚度系数图

在实际拟合中，拟合曲线与标准曲线有一定差距的，轧机弹性变形中总存在有非线性部分，所以不能完全重合。

习　题

1. 简述如何采用应变片测试不同的应力状态。
2. 什么是轧制压力？简述测量轧制压力的方法。
3. 什么是标定？扭矩怎样标定？试分别说明。
4. 怎样测量轧件张力？测量张力有何意义？
5. 什么是轧机刚度？如何测量和求出轧机刚度？

第4章　其他参数测量

4.1　直流电动机参数测量

对于直流电动机的电压、电流、功率的测量，最简单的方法就是选用电压表和电流表进行检测，再根据电路图算出直流电动机的工作电压、电流，然后算出功率。

4.1.1　功率测量

对于直流电机，一般是测量电机电枢电流 I 及电枢电压 U，按下式计算功率 W：

$$W = IU \times 10^{-3}$$

只需要同一时刻的电流与电压相乘即可。

直流功率变送器是在变送器内将大电流与高电压经过分流与分压后，通过三极管基极与集电极的控制，在射极输出负载上得到电流与电压的乘积。再进行解调放大，直接得到与功率 P 大小相对应的直流电压数值。

变送器具有隔离作用，被测信号转为主功电压或电流输出，可以直接参与控制或进行A/D转换进入计算机。

4.1.2　电压电流测量

1. 示波器振子测量法

(1) 电压的测量

电压信号由电枢 C、D 两端引出，其测量电路如图4-1、图4-2所示。电阻 R_1 为振子限流电阻，R_2 为附加限流电阻。

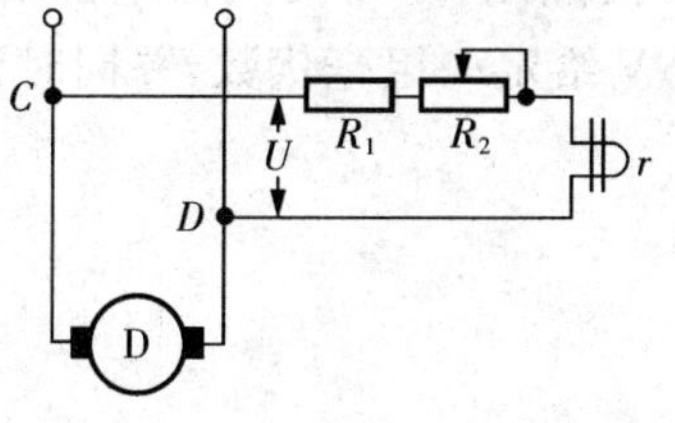

图4-1　振子记录直流电压原理图

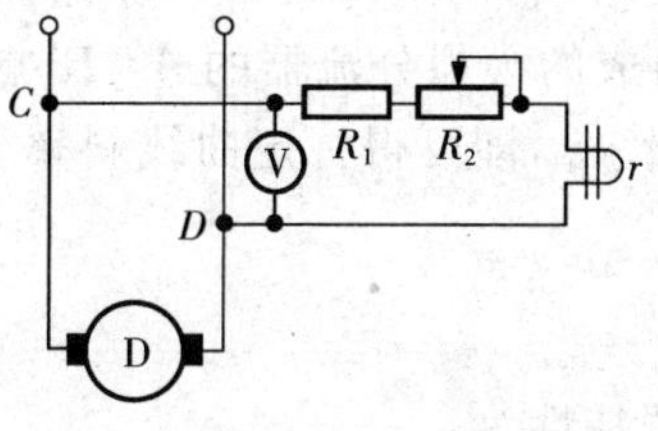

图4-2　电压标定电路图

根据振子满幅记录及其安全性来选择 R_1 及 R_2：

$$R_1+R_2=\frac{U_{\max}S}{0.8y_{\max}}=\frac{R_1}{0.8}$$

从而得到：

$$R_1=\frac{U_{\max}S}{y_{\max}},\qquad R_2=\frac{1}{4}R_1$$

式中　$U_{\max}$—— 最大电枢电压；

S—— 振子电流灵敏度；

$y_{\max}$—— 光点最大线性偏转量。

测量线路需要通过标定才能确定其标定特性曲线，如电压标定方法，即在原测定线路输入端并联接一只 0.5 级的电压表读取 U 标值。标定电源由原供电系统提供，标定时给定某一组稳定电压作为 U 标，同时记录光点的相应偏移量 $y_{标}$，求出标定特性曲线。

(2) 电流的测量

由于主电机容量一般都比较大，几乎全要借助主回路接串联的分流器(FL) 来测量其电流值。分流器为一阻值极小、功率很大的电阻元件，当有电流通过其中时，两端产生电位差，该电位差值与流过其中的电流值成正比。一般分流器上都打印额定电流(I_H) 及对应电位差值(U_M)。大多数分流器的输出信号为 75mV。因此可以说，电流的测量被转化为分流器两端电位差的测量。

测量信号由分流器 A、B 点引出，其测量线路如图 4－3 所示。显然，振子光点的偏转量 y 与分流器两端电压成正比。由于分流器的输出信号比较弱，故限流电阻 R_1 很小，甚至可以省略，R_2 一般为几十欧。

为了确定其标定特性曲线，多采用图 4－4 所示的电流标定线路。

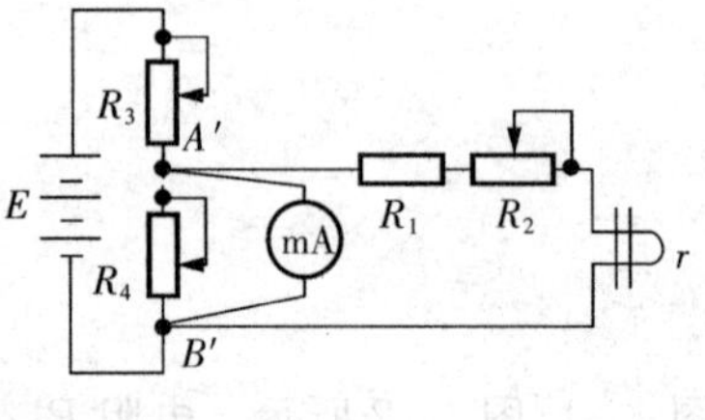

图 4－3　振子记录电流电路图

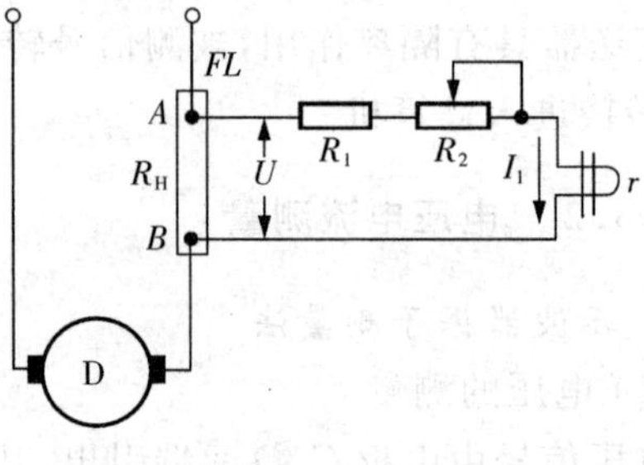

图 4－4　电流标定线路图

标定时，将测量回路 A、B 两点从分流上脱开，按照图 4－4 接入由电源 E、可变电阻 R_3、R_4 组成的模拟分流器的 A'、B' 点。由 0～75mV 给定一组毫伏数，并同时记录质子相应偏转量 $y_{标}$，即可得标定曲线斜率。

$$\frac{U_{标}}{y_{标}}=\gamma$$

设分流器特性为：

$$\frac{I_H}{U_H}=\beta$$

则

$$I_{测}=\beta\gamma h_{弹}$$

由于直流电参数不能采取变压器原理进行电位隔离，一般情况下，测量线路与主回路直接接通，因而直接将高电位引入测量线路。特别是在一台示波器上同时记录电压、电流的场合，如果电压振子与电流振子不是接在同电位时，则易产生击穿现象。如图 4-5 所示。

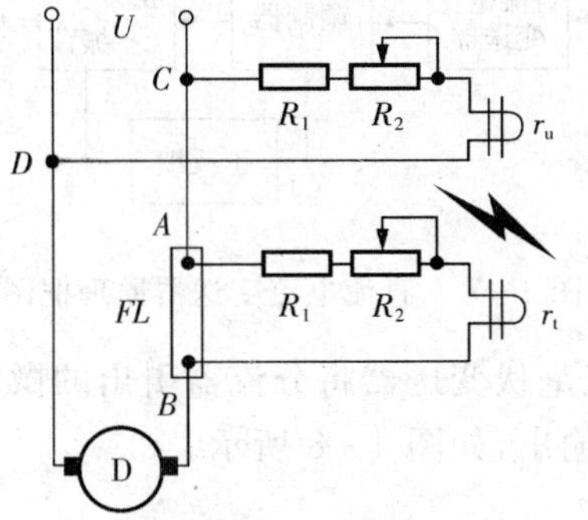

图 4-5　两振子间不等电位产生的击穿现象

图中，C、A、B 处于同电位，D 点电位等于电枢端电压 U，因此，r_u 与 r_t 之间的电位差等于 U。当 U 大于振子耐压值时，极易发生振子间因击穿短路而跳火的现象，造成设备事故。

所以在直流电参数测定中，应该在测量仪器与供电系统之间设置某种隔离环节，将直流高电位子隔离。各类电压、电流变送器就是用于直流供电系统中，隔离输入与输出的中间环节。

2. 变送器测量法

(1) 电压变送器的原理

分压器将直流电压分压，取出部分经调制器调制后输入放大器。调制器将输入的直流电压调制为交流信号，以便进行交流放大。放大器工作原理基于自激振荡式调制放大器，将放大后的交流信号经隔离变压器输入检波器，再经电容滤波还原成输入信号波形，如图 4-6 所示。

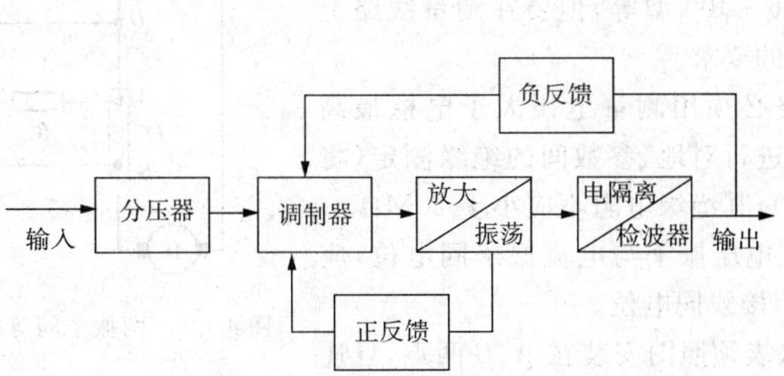

图 4-6　直流电压变送器原理框图

根据以上分析可知，电隔离的基本原理是由于将直流信号调制成交流信号，就可采用能隔离直流电位的变压器进行电隔离传输信号，从而达到电隔离的目的。

（2）电流变送器的原理

电流变送器原理如图 4-7 所示。

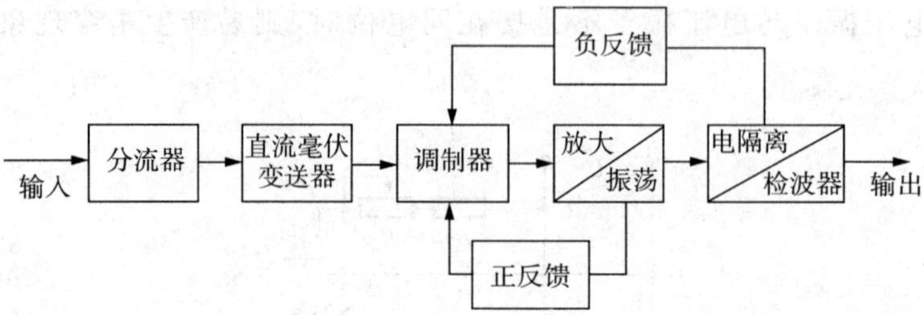

图 4-7　直流电流变送器原理框图

简单地说，即由一台直流毫伏变送器将分流器引出的微弱信号放大到伏级，然后用一台电流电压变送器进行隔离输出，如图 4-8 所示。

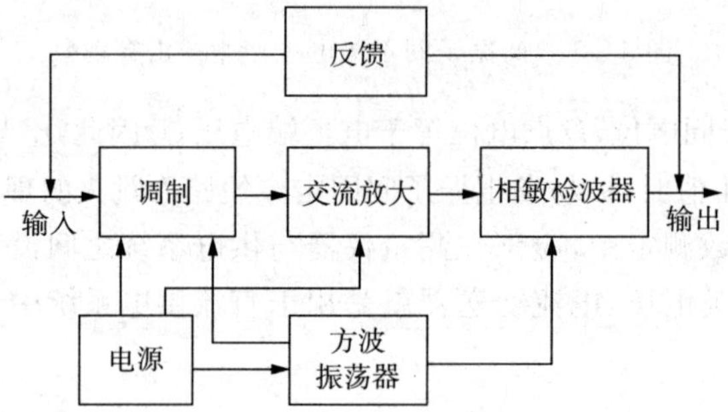

图 4-8　直流毫伏变送器原理框图

（3）使用要点

① 为了减少限流电阻的发热，应选用灵敏度较高的振子，如 FC6-1200 型等。如偏转幅度过低时，可选用 FC6-400 型等，但要在测量线路上兼顾振子对外阻的要求。

② 测量回路必须用测量电压大于电枢最高工作电压的摇表进行对地、参数间的绝缘测定（将振子输入端短接），其绝缘电阻不应小于 20MΩ。

③ 为了保证电压振子与电流振子同电位，应按照图 4-9 所示接线同电位。

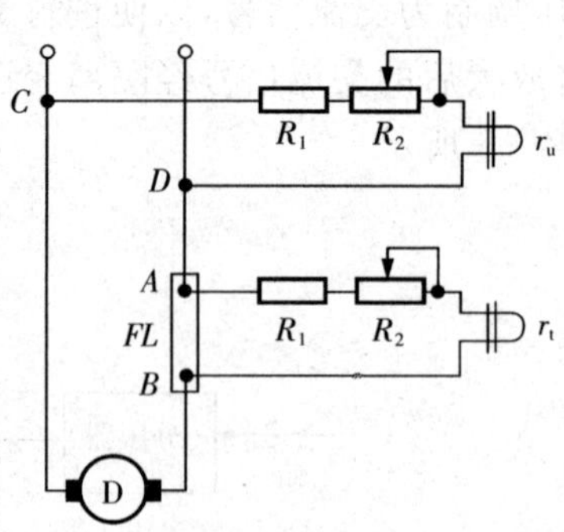

图 4-9　两振子间等电位原理线路图

④ 标准毫伏表须照图安装在 A、B 两点，且连接线愈短愈好。

⑤ 接入分流器的导线头部及分流器上的接线螺丝必须刮净，螺丝必须拧紧，导线截

面宜大不宜小。

⑥ 为了保证数据的可靠，应在现场标定。标定时，线路中的任何参数都要维持实测时的数据，标准表也要事先予以校准。

4.2　交流电动机参数测量

交流电本身可以通过变压器变换电压，直接起到隔离作用。一般先通过不同量程的电压互感器和电流互感器，将线路电压或电流变换到标准测量交流电压(100V)和标准交流电流(5A)以内，再送入各种类型的交流变送器进行线性变换，然后进行直流输出。

4.2.1　交流电压、电流的测量

由于交流电信号是随时间周期变化的电量，在采用智能数字仪表测量或电机自动测试系统中，需要将被测电压、电流等变换成与其成正比的标准电流(或电压信号)，这一变换要由各类型的交流变送器来完成。

1. 交流电压变送器测量法

交流电压变送器原理线路如图 4-10 所示。其工作原理是被测交流电压(100V)信号通过精密变压器 YH 降压后，采用桥式二极管电路进行全波整流。由滤波电容 C 滤去高额交流成分，由输出端 5kΩ 电阻上输出 1mA 的电流信号或 5V 的电压信号。

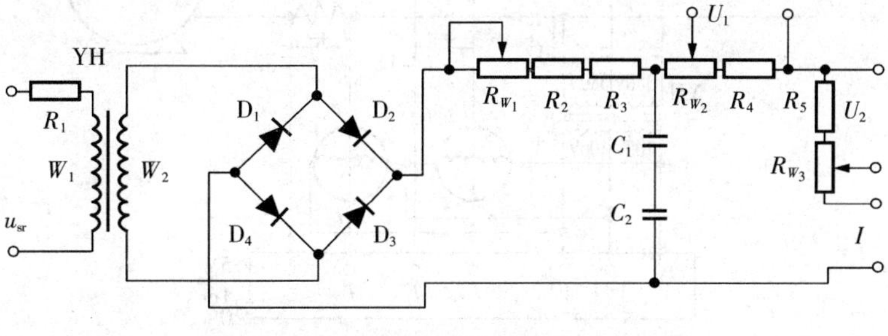

图 4-10　交流电压变送器原理线路图

2. 交流电流变送器测量法

交流电流变送器的原理线路如图 4-11 所示。图中 LH 为电流互感器，它的铁心是由

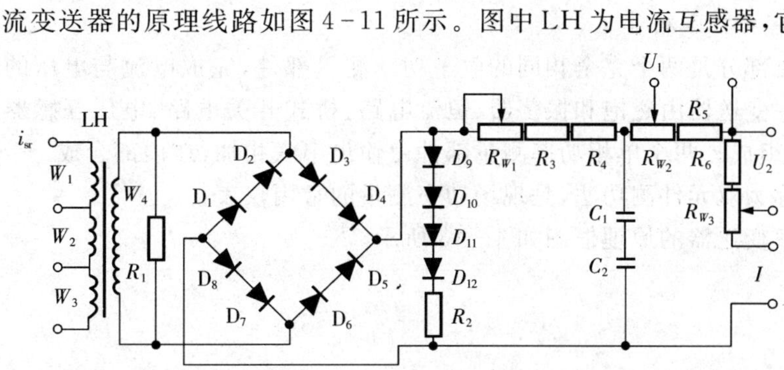

图 4-11　交流电流变送器原理线路图

硅钢片制成的。在磁化的起始部分有非线性区。因此，当被测交流信号较小时，互感器次级绕组感应的交流电流将是非线性的。为了减小由此产生的误差，采用了由四个二极管 $D_9 \sim D_{12}$ 及电阻 R 组成的补偿电路。在二极管两端电压较低时，它的伏安特性曲线呈非线性，其内阻与外加电压成反比。这样，在低电压时分流作用弱，在高电压时分流作用强。利用二极管这样的特性，就可以补偿硅钢片的非线性误差。

4.2.2 交流电机功率测量

1. 电路工作原理

交流电机功率可采用功率变送器进行测量、记录。三相交流电瞬时电压和或电流和为零，利用这个特点，可以使用双表法测量三相功率。它是利用双表原理，仅用两个功率测量部件，把三相有功功率(或无功功率)量变换成为与三相功率成比例的直流电流或直流电压量的一种变换装置。

其原理是在三相交流电瞬时电压和或电流和为零，利用这点，可以使用双表法测量三相功率，将图中两个单原件电磁式功率指针做静态标定。工作原理如图 4-12 所示，图中每块功率表施加的电压与电流并不是同一负载上的，因而单个读数并无实际意义，但两块表读数的代数和却代表了三相总功率。

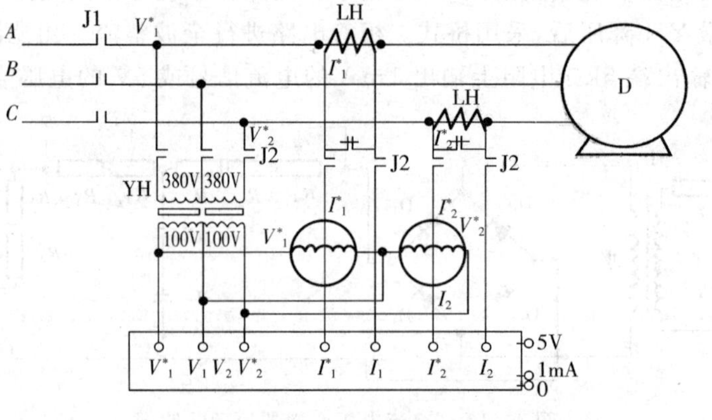

图 4-12 三相有功功率测量线路工作原理图

2. 三相有功功率测量

它的主要部分是两个完全相同的电子功率测量部件，完成电流与电压的瞬时乘法运算。整个功率变送器由磁饱和振荡器、恒流电路、桥式开关电路、电压互感器及电流互感器、滤波器等组成。两个单相功率测量部件由输出串联相加，在内部合成一个输出电压，这种方法也称为双元件测功法，是现场功率测量的常用仪表。

三相功率变送器的原理框图如 4-13 所示。

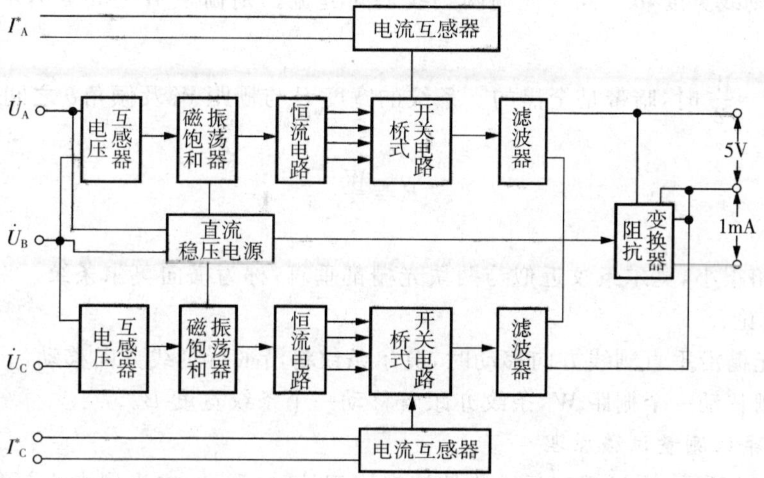

图 4 - 13　三相功率变送器的原理框图

4.3　位移测量

位移不同于尺寸，尺寸是物体的几何量度；位移是物体位置在运动过程中的移动量。位移包括线位移和角位移，位移的测量方法有应变式、电容式、感应同步器、光栅、磁栅等。

压下量的测量是位移测量在轧钢生产中的典型例子，现代轧机压下装置采用液压驱动居多。采用液压驱动时，直接用线位移传感器。当采用电驱动时，常用角位移传感器测出压下螺丝的转动角度，再折算出轧辊的线位移。

4.3.1　计量光栅测位移

一百多年前，人们将光栅的衍射现象用于光谱分析、光波波长测量等方面，20 世纪 50 年代开始利用光栅的莫尔条纹现象，作为位移的测量元件。

1. 莫尔条纹形成原理

当两块具有相同栅距的光栅叠合在一起，它们的刻线之间保持一很小的夹角 θ，在刻线重合处形成亮带，在刻线错开处形成暗带。如图 4 - 14 所示。

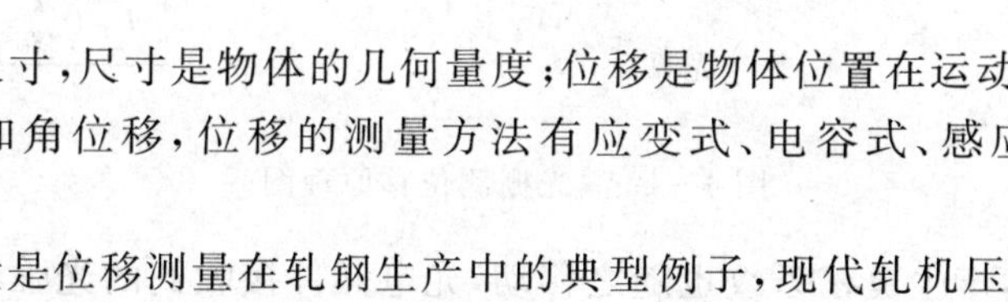

图 4 - 14　光栅原理图

设:a=刻线宽度,b=同一光栅两刻线之间缝宽。则栅距 $W=a+b$,W 也称为光栅常数。

当 $a=b=\frac{W}{2}$ 时,暗带是全黑的。条纹的宽度 B 与栅距 W 及倾角 θ 之间有如下关系:

$$B=\frac{W}{\theta}$$

由于 θ 角很小,莫尔条纹近似与两块光栅都垂直,称为横向莫尔条纹。对横向莫尔条纹,有如下结论:

(1) 当光栅沿垂直刻线方向移动时,莫尔条纹将沿平行刻线方向移动。

(2) 光栅移动一个栅距 W,条纹亦跟着移动一个条纹宽度 B。

2. 莫尔条纹测量位移原理

如图4-15所示,主光栅与运动物体连在一起,随之运动,主光栅大小与测量范围相一致。指示光栅固定不动,为很小的一块。在主光栅外侧加光电接收元件,如硅电池。

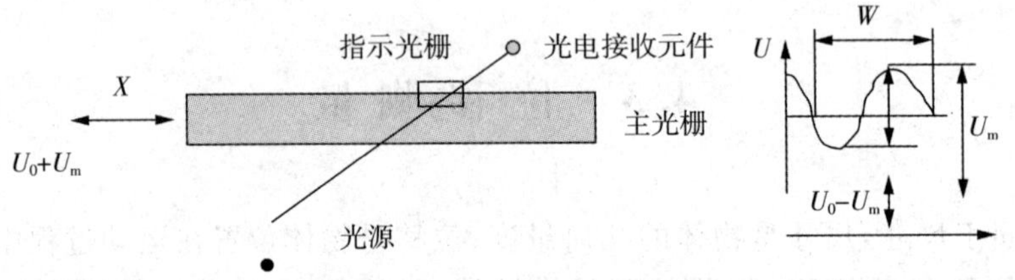

图 4-15 光栅测位移原理图

当光栅移动时,产生莫尔条纹也随之移动,光电元件接收到的光强将随莫尔条纹的移动而变化,接收元件把这种光强的变化转变成电信号。当光栅移动一个栅距 W,相应莫尔条纹移动一个条纹宽度 B,则信号变化一个周期。设 U 为硅光电池电压,X 为光栅位移,则 U_0+U_m 对应亮带,U_0-U_m 对应暗带。只要记录波形变化周期数 N,就可知道光栅位移量 X,即

$$X=NW$$

其中,$W=a+b$ 为已知常数。

3. 特点

(1) 位移放大作用。光栅移动一个 W,条纹移动一个 B,满足 $B=\frac{W}{\theta}$,θ 角越小,B 越大。

(2) 误差平均作用。莫尔条纹由光栅的大量刻线共同形成,对刻线误差有平均作用。

4.3.2 感应同步器

感应同步器是利用两个平面印刷电路绕组的互感,随两者的相对位置变化原理制成

的，其原理如图 4－16 所示。

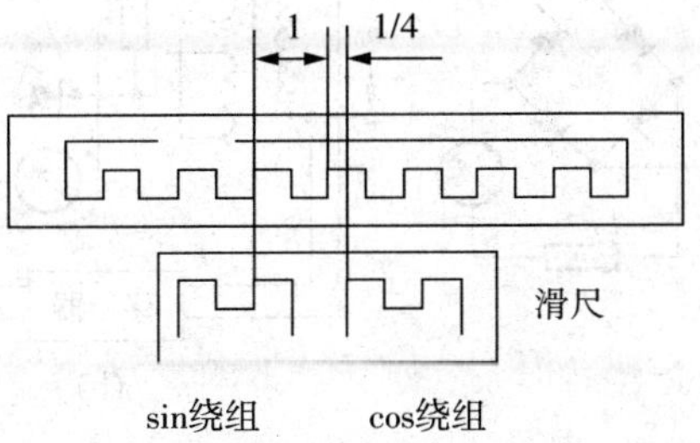

图 4－16　感应同步器

这两个绕组类似变压器的原边绕组和副边绕组，所以又称为平面变压器。按其用途可分为线位移传感器（由滑尺和定尺组成）和角位移传感器（由转子和定子组成），其共同点是滑尺、转子的绕组都是断续的，定尺、定子的绕组都是连续的。

以线位移传感器为例来看其工作原理：当滑尺两个绕组各供给交流激磁电压 u_A、u_B 时，在定尺绕组上产生与激磁电压同频率的交变感应电势，该电势随定尺与滑尺的相对位置而变化。

设由绕组 A 产生感应电势：　$e_A = Ku_A\cos\varphi$

由绕组 B 产生感应电势：　$e_B = -Ku_B\sin\varphi$

其中，K 为电磁耦合系数，φ 为定尺和滑尺相对位移的折算角，一个节距 l 对应 2π。

当 $u_A = u_m\sin\omega t$，$u_B = u_m\cos\omega t$ 时，有

$$e_A = u_A\cos\varphi, e_B = u_B\cos\left(D + \frac{\pi}{2}\right) = -u_B\sin\varphi \quad \text{（起点 } l/4 \text{ 对应 } \pi/2\text{）}$$

$$e = e_A + e_B = Ku_m(\sin\omega t\cos\varphi - \cos\omega t\sin\varphi) = Ku_m\sin(\omega t - \varphi)$$

所以，当 K、u_m、ω 为常数时，e 仅与 φ 有关。若定尺与滑尺的相对位移为 S，则

$$\varphi = \frac{2\pi}{l}S$$

即

$$e = Ku_m\sin\left(\omega t - \frac{2\pi}{l}S\right) = f(S)$$

4.3.3　差动变压器位移计

图 4－17(a) 所示为大位移测量线路中的一种，它无相敏整流，精度不高，不能分辨位移方向。图 4－17(b) 所示为采用相敏整流线路，能分辨位移方向（参阅应变仪相敏检波器）。通过其中的可调电位器，可在测量前将电路调平衡，以消除电路中输出的零点电压（$\Delta x = 0$ 时）。

不论何种测量电路，变压器的初级线圈都要求有一个电压值和频率稳定的激磁电压，因此，均配有稳压器。

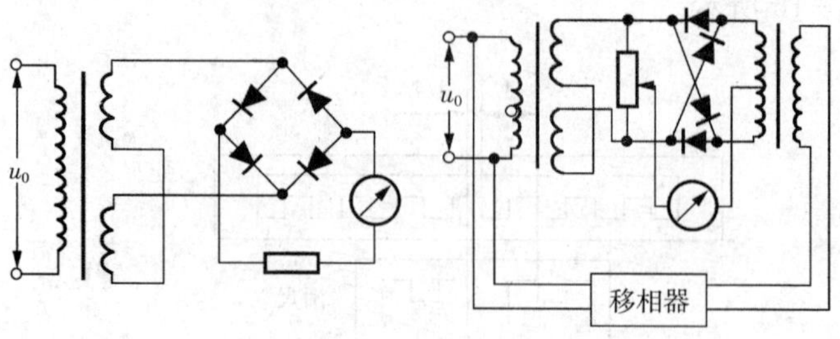

(a) (b)

图 4－17 差动变压器位移计的两种测量电路

微小位移的测量电路由于其输出电压小，均采用放大电路。其一般原理如图 4－18 所示。

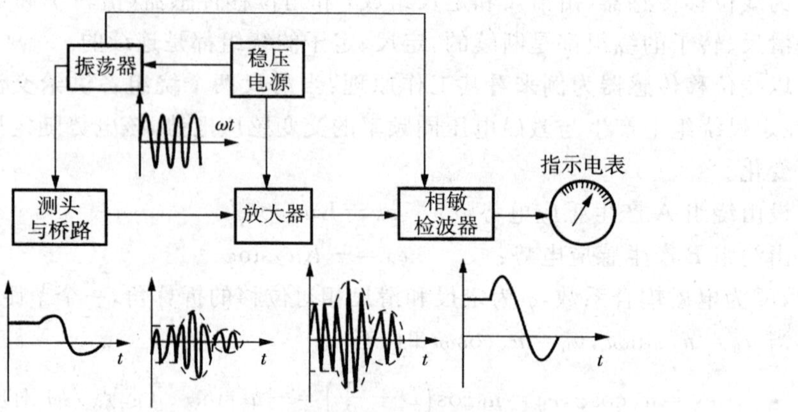

图 4－18 微小位移测量电路原理图

4.4 转速测量

转速测量方法主要有离心式(机械转速表)、电动式(测速发电机)、磁感应式、频闪式、光纤式，以及采用光电传感器，或磁电传感器，或激光传感器的电子计数式。以下介绍几种常见转速测量传感器工作原理。

4.4.1 电动式(测速发电机)

以直流测速发电机为例，如图 4－19 所示。

在恒定磁场中，旋转电枢切割磁通，产生感应电势，由电刷引出。设电势常数为 C_e，转速为 n，则感应电势为：

$$E_a = C_e \phi n$$

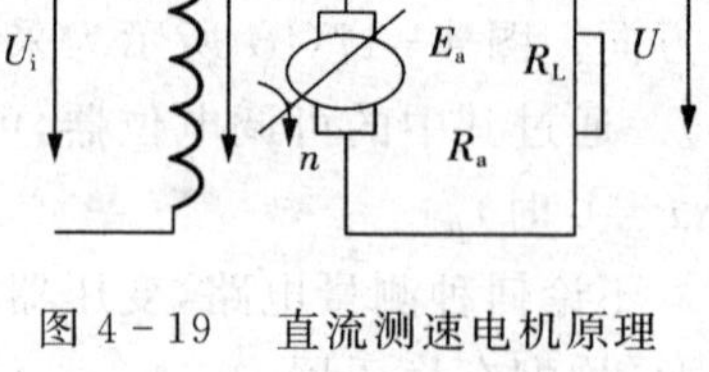

图 4－19 直流测速电机原理

式中 C_e—— 与测速机结构有关的常数；

ϕ—— 激磁磁通；

n—— 电枢转数。

通常 ϕ 保持不变，则 C_e 值能用度量电枢旋转速度，C_e、ϕ 值即为测速发电机的灵敏度。

为了记录电枢电势，可使用数据采集仪，采集仪输入端并联在分压电阻上，要求分压电阻上电压不超过要求的 5V。

当空载时：

$$U = E_a$$

当带负载 R_L 时：

$$U = E_a - I_a R_a = E_a - \frac{U}{R_L} R_a$$

其中 R_a 为电枢回路总电阻。则

$$U = \frac{E_a}{1 + \frac{R_a}{R_L}} = \frac{-c_e \phi}{1 + \frac{R_a}{R_L}} n = f(n)$$

具体接线图如图 4－20 所示。根据测速发电机铭牌上规定的输出电压 e_H、额定转速 n_H 以及测速发电机的最大可能转速 n_{max}，可以近似地确定在 n_{max} 时电势为：

$$e_{max} = \frac{e_H}{n_H} n_{max}$$

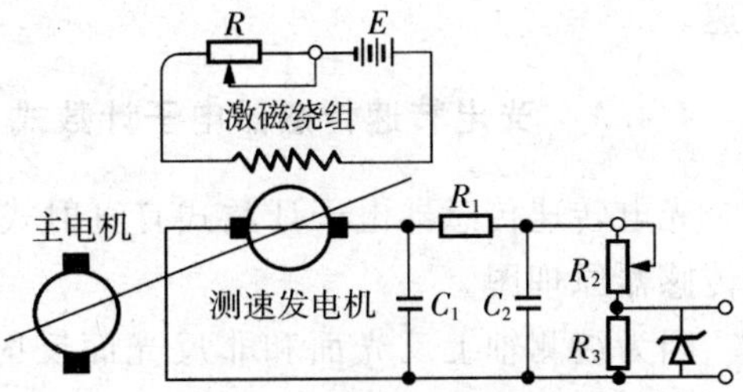

图 4－20　直流测速电机原理

此时限流电阻为：

$$R_1 \geqslant \frac{e_{max}}{i \times 10^{-3}}$$

其中，i 为选用的振子在给定振幅时对应流过的电流值，单位为 mA。

若波形毛刺很大，特别是当测速发电机经过增速机传动时，这时可在电枢输出端增加一个由电容 C_1 和 C_2 及电阻 R_1 组成的滤波器，可将毛刺降到最小。电容 C 值是根据每一具体情况来选择的（包括电容量、耐压及极性）。但滤波器增加了电路的惯性，降低了动态响应指标，产生了动态畸变，特别是在转速急剧变化的场合，可以通过有无滤波器的记录曲线对比来评定动态畸变的大小。在允许的动态畸变范围内选用 C 值，一般为几微法至几十微法。

测定中，应将测速机连向二次线路在转速标定器上进行标定（或已知转速的车床等），或用机械转速表进行在线标定，这个工序要进行 3 ～ 5 次，然后根据这些资料绘制标定特性曲线，由它确定记录比例尺。即

$$K_n = \frac{n}{y}$$

式中　y—— 对应转速 n 的波形幅值，mm。

对于正、反转条件必须进行正反转标定，采用测速发电机测量转速的精度通常为3% ～ 4%。

4.4.2　频闪式

频闪式转速测量仪原理如图 4-21 所示

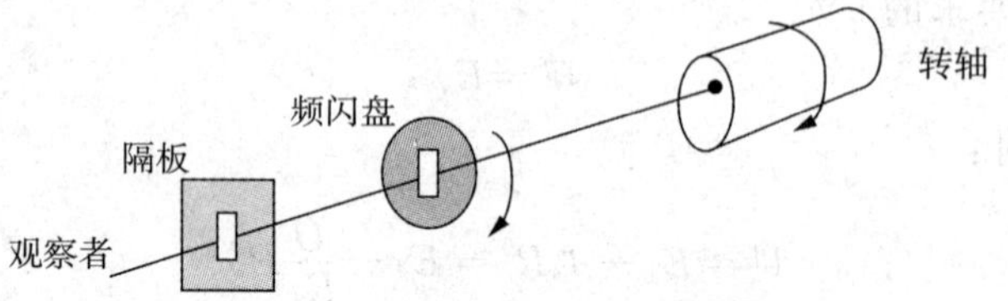

图 4-21　频闪式转速测量仪原理

当观察者看到被观察点静止不动时，就形成“频闪像”，此时频闪盘与转轴同速。将频闪盘用电子闪光灯代替，闪光灯的频率可调。调整闪光灯频率，直到“目标”被人眼看来不动，此时闪光灯频率就等于被测物体转动频率，所以由已知的闪光灯频率就可确定物体转速。

4.4.3　光电转速传感器电子计数式

光电转速传感器电子计数式有直射式和反射式两种。图 4-22 所示为反射式光电转速传感器原理图。

因为被测轴上反光面和非反光面反射光强度差别很大，故在光敏元件上产生明电流和暗电流，明暗变化，输出脉冲信号。其每转脉冲信号数＝反光面数，即每转脉冲数：

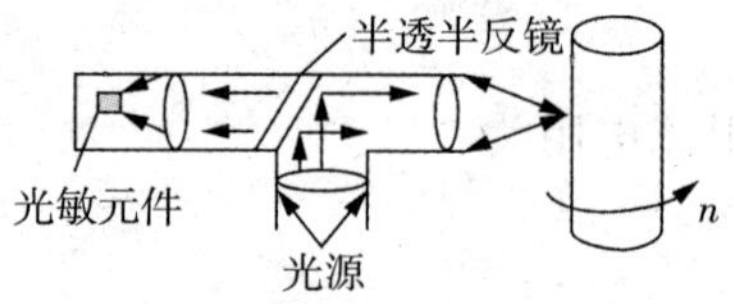

图 4-22　反射式光电转速传感器原理图

$$N=\frac{znt}{60}$$

其中，t 为采样时间（测量时间）；n 为需测转数；z 为每转反光面数。

例 1　采样时间 $t=5\text{s}$，每转脉冲数 $z=6$，则

$$n=\frac{60}{zt}\cdot N=\frac{60}{5\times 6}N=2N$$

而 N 可由电子计数器确定。

直射式光电转速计的工作原理如图 4-23 所示。它由装在旋转轴 1 上的开孔圆盘 2、光源 3 和光敏元件 4 组成。从光源 3 发出的光通过圆盘 2 上的小孔照射到光敏元件 4 上，使光敏元件感光，在开孔圆盘上开有一定数量的小孔，当圆盘转动 1 周时，光敏元件就感受与开孔数相等次数的光次数，因此产生相应数量的电脉冲信号。

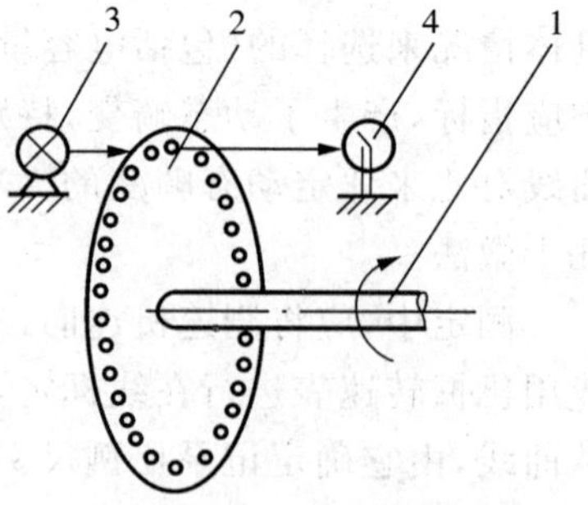

图 4-23　光电转速计

1－旋转轴　2－开孔圆盘

3－光源　4－光敏元件

现场测定中常采用直射式光电转速计，光敏元件有光敏电阻、光敏二极管、光敏三极管、硅光电池等。光敏电阻（光导管）没有极性，其光阻约为 $10^3\Omega$，其暗阻约为 $10^9\Omega$。

光敏二极管有正负极性，使用时应反向偏置。由于它是非线性元件，通常给出的参数为光电流与暗电流。其光电流约为几十微安，暗电流小于 0.1 至几个微安不等。光敏元件的参数将随着圆盘的转动（光栅开闭）而相应地改变，当把光敏元件接入一定的电路中时，则电路将输出一连串的光电脉冲信号。

图 4－24 所示为带有反向偏置电压的简单放大电路。

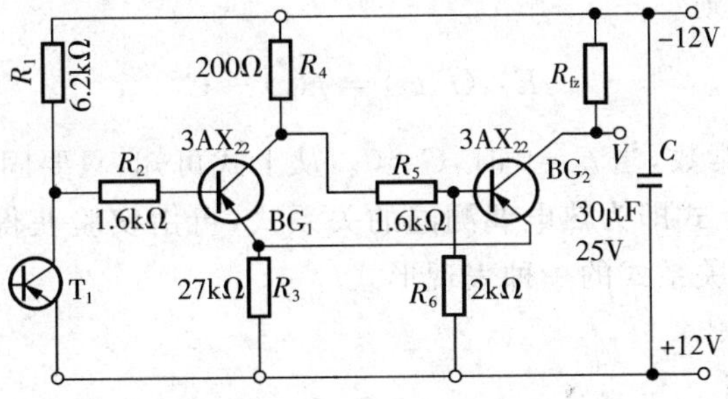

图 4－24　光电脉冲放大器原理图

图中 T_1 为锗材料光敏三极管，R_{fz} 为输出负载电阻，可以在 R_{fz} 两端取电压输入到计算机中。

当光照射，T_1 导通，BG_1 截止，BG_2 导通，振子内有信号电流通过；当遮光时，T_1 截止，BG_1 导通，DG_2 截止。振子内无信号电流通过，因而可得光电脉冲记录波形。为使 C 能直读 n 值，所以要取 $ZT=60s\times10^m$（m 取 0，1，2，…）。这种形式的光电式转速计，由于开孔盘尺寸的限制，其开孔数目不可能太多，测量转速的上限受到一点的限制。

4.5　热电偶测温

1. 热电偶测温原理

热电偶由两种导体或半导体构成回路，回路的两个接点处于不同温度时，便会产生热电势（热电效应）。如图 4－25 所示。

热电势包括温差电势和接触电势两种。

（1）温差电势 $E_A(t,t_0)$、$E_B(t,t_0)$

同一导体两端温度不同，热端电子能量大于冷端电子能量，所以电子从热端向冷端扩散，使热端带正电，冷端带负电，产生电位差。

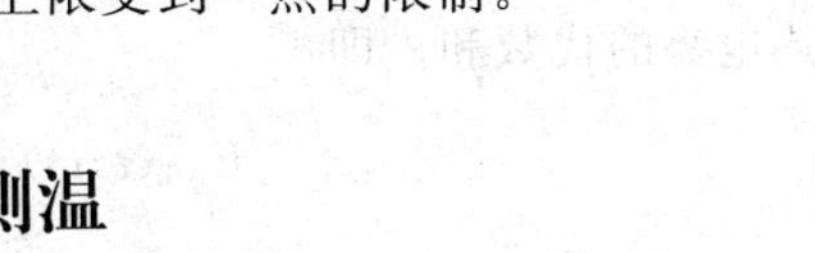

图 4－25　热电偶测温原理图

（2）接触电势 $E_{AB}(t)$、$E_{AB}(t_0)$

两种不同导体构成回路，若导体 A 电子密度大于导体 B 电子密度，则产生从 A 到 B 的电子扩散，使 A 带正电，B 带负电，形成电位差。

所以，热电偶总电势为：

$$E_{AB}(t,t_0)=E_{AB}(t)-E_{AB}(t_0)-E_A(t,t_0)+E_B(t,t_0)$$

因为接触电势大于温差电势，而接触电势中 $E_{AB}(t)>E_{AB}(t_0)$，所以热端的接触电势 $E_{AB}(t)$ 决定了总电势的方向。

由上可看出，总电势与两导体材料及两接点温度有关。当热电偶材料选定以后，总电势就只取决于两接点温度 t 和 t_0，即

$$E_{AB}(t,t_0)=f(t)-f(t_0)$$

如果固定冷端温度 t_0，则

$$E_{AB}(t,t_0)=f(t)-C$$

其中 C 为取决于 t_0 的常数，当 $t_0=0$ 时，$C=0$。从上式可知，只要固定冷端温度，总电势就只与热端温度有关。上式即为热电偶测温的关系式，可由实验获得。实际应用时所用的热电偶分度表，即是此关系式的一种表现形式。

2. 热电偶应用定则

(1) 均质导体定则

当热电偶回路两种材料相同时，无论冷端、热端温度是否相同，都不会产生热电势，所以热电偶一定是两种不同材料制成。

(2) 中介导体定则

在热电偶回路中接入第三种导体，只要接入导体两接点的温度相同，则对原偶的热电势无影响，所以可在回路中接入仪表或导线。

(3) 中介温度定则

热电偶在两接点温度为 t、t_0 时的热电势，等于两接点温度分别等于 t、t_n 和 t_n、t_0 时相应热电势的代数和。即

$$E_{AB}(t,t_0)=E_{AB}(t,t_n)+E_{AB}(t_n,t_0)$$

若 $t_0=0℃$，则

$$E_{AB}(t,t_0)=E_{AB}(t,t_n)+E_{AB}(t_n,0)$$

因为各种热电偶的分度表都是在冷端温度为 0℃ 时制成的，所以，实测时，若冷端温度不等于 0℃，而等于环境温度 t_n，则显示仪表指示的热电势为 $E_{AB}(t,t_n)$，而 $E_{AB}(t_n,0)$ 可从分度表上查得，将两者相加，得到 $E_{AB}(t,0)$，再查分度表得 t。

例 2 设环境温度为 $t_n=25℃$，K 型偶，测得 $E_{AB}(t,25)=34.36\text{mV}$，查 K 型偶分度表，知 $E_{AB}(25,0)=1.00\text{mV}$，则

$$E_{AB}(t,0)=E_{AB}(t,25)+E_{AB}(25,0)=34.36+1.00=35.36\text{mV}$$

再查该分度表，知 $E_{AB}(851,0)=35.36\text{mV}$，即 $t=851℃$。

3. 热电偶冷端温度处理

因为只有固定 t_0 时，才有 $E_{AB}(t,t_0)=f(t)-C$ 成立，$E_{AB}(t,t_0)$ 才为 t 的单值函数。为维持冷端温度恒定，需作特别处理。

(1) 补偿导线法

把冷端引到环境温度相对恒定的地方，因为热电偶材料较贵重，所以通常采用补偿导线(即热电特性与所用偶相同的廉价金属导线)引出冷端。

(2) 冷端衡温法

冷端置放在冰点槽或恒温箱内。

(3) 补偿电桥法

如图 4-26 为热电偶测温原理图。

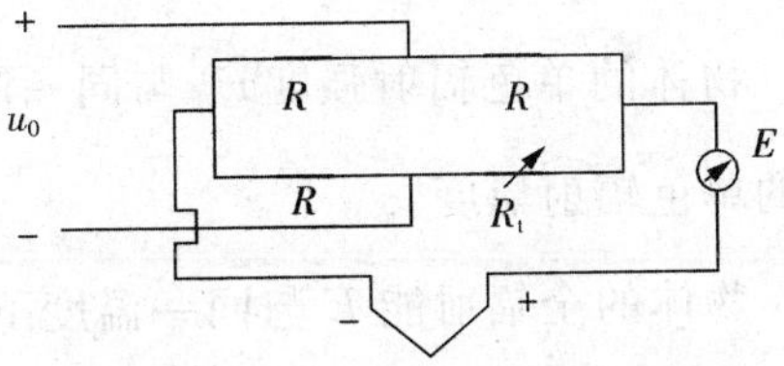

图 4-26　热电偶测温原理图

采用对温度敏感的电阻 R_t，与其他三个电阻 R 组成电桥，取 $u_0=4\text{V}$。当环境温度=20℃ 时，$R_t=R$，电桥平衡。当环境温度改变时，R_t 随着改变，电桥有相应输出：

$$E=\frac{1}{4}u_0\ \frac{\Delta R_t}{R}=\frac{\Delta R_t}{R}=f(t)$$

选用合适的 R_t，使电桥的输出特性与热电偶的热特性相似，使电桥的输出能抵消热电偶冷端温度变化所引起的热电势，从而起到冷端温度自动补偿作用。

4.6　热辐射法测温

运动物体的连续测温和在线测温是接触式仪表难以胜任的，所以基于辐射原理的非接触式测温仪表得到较快的发展。

1. 热辐射的基本概念

(1) 热辐射

物体温度高于绝对零度，便以电磁波形式向外辐射能量。辐射能包括各种波长，如 X 光、紫外光、可见光、红外光、无线电波等。最令人感兴趣的是波长在 0.4～1000μm 之间的射线，即可见光和红外光，物体能吸收它们并重新转变为能量。对于测温来讲，主要是研究物体能吸收，并且在吸收它们的能量时又把它转变为热能的那部分射线。比较明显的具有这种性质的射线是波长为 0.4～0.7μm 的可见光以及波长为 0.76～40μm 的红外线。这种射线被称为热射线，它们传播的过程称为热辐射。

(2) 辐射能力

物体单位面积发射出的辐射功率。即

$$E=Q/A$$

其中，Q 为辐射功率；A 为辐射面积。

(3) 辐射出度

如物体在波长 $\lambda\sim\lambda+\mathrm{d}\lambda$ 之间的辐射能力为 $\mathrm{d}E$，则辐射出度 E_λ 为：

$$E_\lambda=\frac{\mathrm{d}E}{\mathrm{d}\lambda}$$

(4) 绝对黑体

如果物体能够将落在其上的辐射能全部吸收，则此物体为绝对黑体(简称黑体)。典型例子如黑洞。

(5) 黑度系数

物体的单色辐射强度 E_A 与同一温度下黑体的单色辐射强度 $E_{0\lambda}$ 之比，$\varepsilon_A=\dfrac{E_\lambda}{E_{0\lambda}}$ 称为物体的单色辐射黑度。

物体的全辐射能 E 与同一温度下黑体全辐射能 E_0 之比，$\varepsilon=\dfrac{E}{E_0}$ 称为物体的全辐射黑度。

于是可用物体的黑度和热辐射定律，求出物体的单色辐射强度和全辐射能，即

$$E_{0\lambda}=C_1\lambda^{-5}\ (e^{C_2/\lambda T}-1)^{-1}$$

$$E=\delta\varepsilon T^4$$

其中，ε_λ 和 ε 值一般由实验决定。

(6) 绝对镜体

如果物体能够将落在其上的辐射能全部反射，则此物体为绝对镜体(简称镜体)。

目前辐射式仪表都是以黑体为对象刻度的，所以测一般物体必须用该物体的辐射系数(亦称辐射率)加以校正。辐射率 ε 是通过吸收率来确定的。

吸收率是被物体吸收的能量 θ_S 与落在该物体上的总能量 θ 之比，即

$$\alpha=\frac{\theta_S}{\theta}$$

$\alpha=1$ 即为黑体。物体辐射率越大，其吸收率也越大，即 $\varepsilon=\alpha$。物体的单色辐射率用 ε_λ 表示。

2. 热辐射的基本定律

(1) 普朗克定律

普朗克定律指出了黑体的单色辐射强度随波长 λ 和绝对温度 7K 变化而变化的规律，其关系式为：

$$E_{0\lambda}=C_1\lambda^{-5}\ (e^{C_2/\lambda T}-1)^{-1}$$

式中 C_1—— 普朗克第一辐射常数；

C_2—— 普朗克第二辐射常数；

e—— 自然对数的底；

λ—— 辐射波长。

(2) 维恩定律

普朗克公式从理论上可以适用于任意高的温度，但计算很不方便。当温度低于 3000K 时，普朗克公式可简化为维恩公式，即

$$E_{0\lambda}=C_1\lambda^{-5}(e^{C_2/\lambda T})$$

(3) 斯蒂芬-波尔兹曼定律

利用普朗克公式，对 λ 在 $0 \sim \infty$ 区间积分，可以得到绝对黑体的全辐射能 E_0：

$$E_0 = \int_0^{\infty} E_{0\lambda} \mathrm{d}\lambda = \delta T^4$$

其中，δ 为斯蒂芬-波尔兹曼常数，$\delta = 5.67 \times 10^{-12}\,\mathrm{W/(cm^2 \cdot K^4)}$

此式表明，黑体的全辐射能和绝对温度的四次方成正比，所以这一定律又被称为四次方定律，是全辐射温度计测温的理论依据。

3. 热辐射测温

热辐射测温方法有全辐射法、亮度法和比色法。

(1) 全辐射法

测出物体在整个波长范围的辐射能量，以辐射率 ε 校正后确定物体温度，例如全辐射高温计。

全辐射温度计是由斯蒂芬-泊尔茨曼定律来设计的，辐射温度计是基于被测物体的热辐射效应进行表面温度测量的。被测物体受热后发射出的热辐射能量，由感温器的光学系统聚焦在热电堆（由一组微细的热电偶串联而成）上，受热后有热电势输出。物体在不同的表面温度发射的热辐射能量不同，产生的热电势也随之改变。根据热电势的大小，由显示仪表反映出被测物体的表面温度。

绝对黑体的热辐射能量与温度之间关系为 $E_0 = \delta T^4$，当物体的全辐射黑度系数 ε 已知时，则其辐射能量与温度之间的关系为 $E = \varepsilon \delta T^4$。不同物体的辐射强度在同一温度时并不相同，辐射温度计如按某一物体的温度进行刻度，就不能用来测量其他物体。所以辐射温度计的刻度也是选择黑体作为标准体，按黑体的温度来分度仪表。这时用辐射温度计所测到的是物体的辐射温度，即相当于黑体的某一个温度 T_p。在辐射感温工作光增区域内，当表面温度为 T_p 的黑体其积分辐射能量与表面为 T 的物体的积分辐射能相等时，即

$$\delta T_\mathrm{p}^4 = \varepsilon \delta T^4$$

则物体的实际表面温度为：

$$T = T_\mathrm{p} \sqrt[4]{1/\varepsilon}$$

因此，当知道物体的全辐射黑度系数 ε 和辐射温度计显示的辐射温度 T_p 后，就可算出被测物体的真实表面温度。

辐射温度计的型式很多，目前常用的有 WFT－202 型全辐射高温计。它由辐射感温器、辅助装置和显示仪表三个部分组成。辐射感温器是将被测物体的辐射能收集起来转变为热电势，如图 4－27 所示，对物透镜 1 装在由铝合金制造的外壳 2 前端，将辐射能聚焦在热电堆 5 上。如图 4－28 所示，热电堆由云母环、靶心、引出线和热电偶组成，根据辐射温度计的起点不同，热电堆分别由 16 对（测量下限为 100°C）或 8 对（测量下限为 400℃）直径为 0.05 ～ 0.07mm 的镍钳康铜热电偶串联而成。每对热电偶的热端焊在瓣形镍箔上，镍箔上涂有铂黑。为能更好地吸收辐射热，其冷端由康铜箔串联起来，输出端引出线

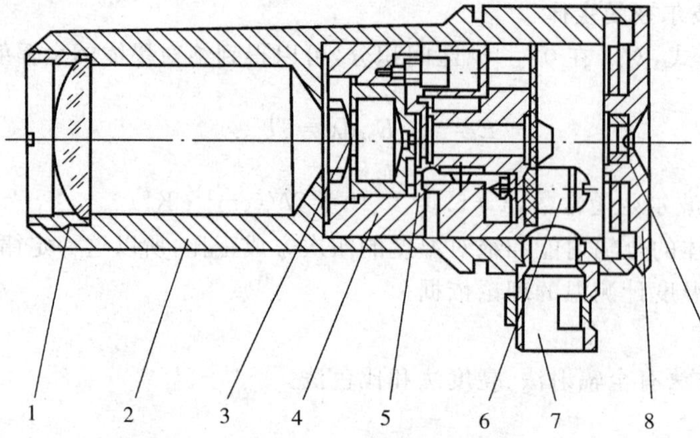

图 4-27　WFT-202 型辐射感温器的结构

1—对物透镜　2—外壳　3—补偿光栏　4—座架　5—热电堆
6—接线套　7—穿线套　8—盖　9—目镜

由康铜箔带做成，整个热电堆固定在环形云母架上。

补偿光栏是采用一种内双金属片控制的结构，焊在双金属片上的补偿光栏共有 4 个，平均分布在热电堆的前面，用以补偿因环境温度变化而产生的示值误差。

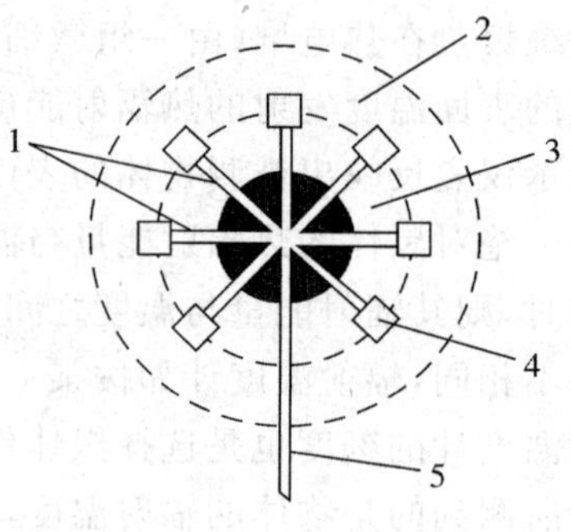

图 4-28　热电堆结构

1—热电偶　2—云母环　3—靶心
4—考铜箔　5—引出线

(2) 亮度法

测出物体在某一波段 $\lambda+d\lambda$ 上的辐射出度 E_λ，以单色辐射率 ε_λ 校正后确定物体温度，例如光学高温计、光电高温计。

光学高温计是利用受热物体的单色辐射强度随温度升高而增长的原理进行高温测量的仪表。物体在高温状态下会发光，也就是具有一定的亮度。物体的亮度 B_λ 与其辐射强度 E_λ 成正比，即

$$B_\lambda = CE_\lambda$$

其中，C 为比例常数，所以受热物体的亮度大小反映了物体的温度数值。但要直接测量物体的亮度是较困难的，一般都采用比较法。光学高温计是采用一已知温度的亮度（高温计灯泡灯丝的亮度）与被测物体的亮度进行比较来测量温度的。但辐射强度 E_λ 是随各物体的特性而不同，所以按某一物体的温度刻度的光学高温计不可以用来测量另一物体的温度。因此，必须按黑体的辐射强度来进行仪表的刻度。应该指出，用这样刻度的仪表测量灰体的温度时，其结果仍不是灰体的真实温度，而是灰体的亮度温度。亮度温度定义为：在波长为 λ 的光线中，当物体在温度 T 时的亮度和黑体在温度 T_s 时的亮度相等，即 $B_\lambda = B_{0\lambda}$，则黑体所具有的温度即为该物体在波长 λ 时的光线中的亮度温度。要知道它的真实温度还必须加以修正，物体的亮度温度与真实温度的关系可由下式求得：

$$\frac{1}{T}=\frac{1}{T_s}+\frac{\lambda}{C_2}\ln\varepsilon_\lambda$$

式中　λ—— 红光波长，$\lambda=0.65\mu m$；

C_2—— 普朗克第二辐射常数；

T_s—— 亮度温度；

ε_λ—— 黑度系数(物体在波长 λ 下的吸收率)。

所以，在知道了物体的黑度系数 ε_λ 和高温计测得的亮度温度 T_s 后，就可用上式求出物体的真实温度。显然，当物体的黑度系数越小时，则亮度温度与真实温度间的差别也就越大。因为 $0<\varepsilon_\lambda<1$，因此测得物体的亮度温度始终低于其真实温度。

光学高温汁是采用亮度均衡法进行温度测量的，它使被测物体成像于高温计灯泡的灯丝平面上，通过光学系统在一定波长(0.65μm)范围内比较灯丝与被测物体表面亮度。灯丝的亮度可以通过调节滑线电阻以调整流过灯丝的电流来确定(使每一电流对应于灯丝的一定温度，因而也就对应于一定的亮度)。当灯丝的亮度与被测物体的亮度相均衡时，灯丝轮廓即隐没于被测物体的影像中，此时仪表指示的读数就是被测物体的亮度温度，故这种高温计又称灯丝隐灭式光学高温计。

已知光电高温计采用的是亮度法，是测出物体在某一波段 $\lambda+d\lambda$ 上的辐射出度 E_λ，以单色辐射率 ε_λ 校正后确定物体温度。任何物体以一定的波长向外界辐射能量，与它的温度及表面状态存在一定的函数关系。用维恩公式来描述为：

$$E_\lambda=\varepsilon_\lambda C_1\lambda^{-5}e^{\frac{-C_2}{\lambda T}}$$

其中，C_1、C_2 均为常数；λ 为辐射波长；T 为物体表面温度。对绝对黑体 $\varepsilon_\lambda=1$，工业生产中大量存在的实际物体 $0<\varepsilon_\lambda<1$。高温计是用黑体 $\varepsilon_\lambda=1$ 进行分度的，因而实际测量时必须根据该物体的单色辐射率 ε_λ 予以修正。

适当的选择元件和滤色片就可以使波长限制在某一恒定值上。当 λ 和 ε_λ 确定以后，一定的 E_λ 值便对应一定的温度值 T。

如图 4-29 所示，被测物体的辐射能 E_λ 和反馈灯泡的辐射能 E_b 经光调制器交替地投

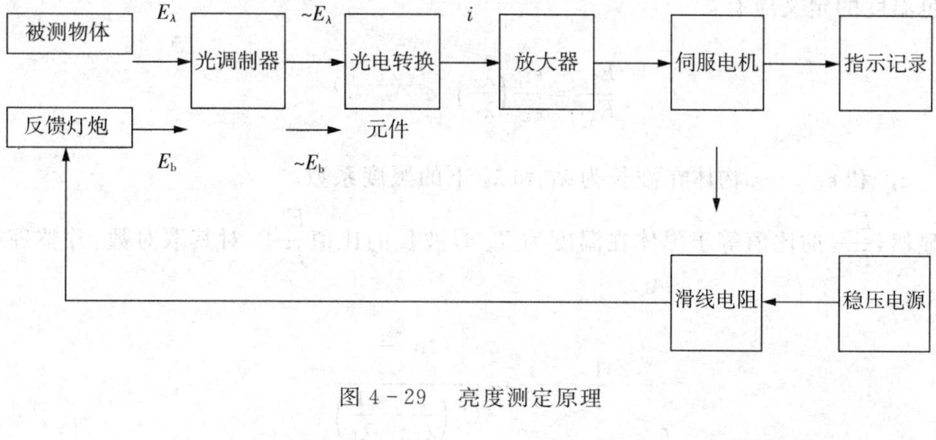

图 4-29　亮度测定原理

射到一光电转换元件上，从光电转换元件输出一电信号 i，i 经放大器放大后驱动伺服电机，一是改变滑线电阻值，从而改变反馈灯泡亮度；二是带动指示记录装置。

光调制器以50Hz的频率振动，将直流辐射能 E_λ、E_b 调制为两束频率相等相位相反的交变辐射能 $\sim E_\lambda$、$\sim E_b$，再投到光电元件上，从而在光电元件上产生交变光电流 i。

当 $\sim E_\lambda = \sim E_b$ 时，$i=0$，伺服电机静止不动；当 $\sim E_\lambda \neq \sim E_b$ 时，$i \neq 0$，伺服电机转动，从而改变灯泡亮度，致使 $\sim E_\lambda = \sim E_b (i=0)$ 时为止。显然，i 的大小和相位决定伺服电机的静动和旋转方向，而 i 本身则取决于 $\sim E_\lambda$ 和 $\sim E_b$ 的差值。

(3) 比色法

测量两个波段 $\lambda_1 + d\lambda_1$ 和 $\lambda_2 + d\lambda_2$ 上的辐射出度的比值 $E_{\lambda_1}/E_{\lambda_2}$，以 ε_{λ_1} 和 ε_{λ_2} 校正，确定物体温度，例如光电比色高温计。

(4) 光电比色高温计

由热辐射定律可知，当温度升高时，绝对黑体辐射能量的光谱分布也随之发生变化，辐射峰值向波长短的方向移动。随能量分布的变化，热辐射体的可见光颜色也发生变化。对同一温度而言，其光谱能量分布按维恩-普朗克公式确定。当温度不同时，两个波长亮度比值也不同，而且它们是单值关系，比色温度计就是采用两个不同波长 λ_1、λ_2 下的辐射强度(亮度)之比来测量温度的。

对于黑体而言，只要知道了两个波长的辐射强度(亮度)之比，就可以定出它的真实温度。

根据维恩定律，可以得到：

$$T = \frac{C_2\left(\frac{1}{\lambda_2} - \frac{1}{\lambda_1}\right)}{\ln \frac{E_{0\lambda_1}}{E_{0\lambda_2}} - 5\ln \frac{\lambda_2}{\lambda_1}}$$

对于实际物体，还必须引用比色温度的概念。所谓比色温度是指当实际物体的温度为 T 时，两个波长 λ_1 和 λ_2 的单色辐射强度的比值，与黑体在温度为 T_s 时两个相应波长下的单色辐射强度的比值相等时，则该黑体的温度 T_s 就称为这个实际物体的比色温度。按照比色温度的定义应有：

$$\frac{E_{\lambda_1}}{E_{\lambda_2}} = \frac{\varepsilon_{\lambda_1}}{\varepsilon_{\lambda_2}}\left(\frac{\lambda_2}{\lambda_1}\right)^5 e^{\frac{C_2}{T}\left(\frac{1}{\lambda_2} - \frac{1}{\lambda_1}\right)}$$

式中 ε_{λ_1} 和 ε_{λ_2} —— 物体在波长为 λ_1 和 λ_2 下的黑度系数。

显然，$\frac{E_{\lambda_1}}{E_{\lambda_2}}$ 的比值等于黑体在温度为 T_s 时波长的比值 $\frac{E_{0\lambda_1}}{E_{0\lambda_2}}$，对其取对数，并整理得到：

$$\frac{1}{T} - \frac{1}{T_s} = \frac{\ln \frac{\varepsilon_{\lambda_1}}{\varepsilon_{\lambda_2}}}{C_2\left(\frac{1}{\lambda_2} - \frac{1}{\lambda_1}\right)}$$

对于灰体而言，一般 $\varepsilon_{\lambda_1}=\varepsilon_{\lambda_2}$ 则得到 $T=T_s$。即得到比色温度就是被测物体的真实温度，不必再进行修正，这是比色温度计测量温度的最大优点。很多物体的性质接近灰体，这类物体最适合采用比色温度计来测量它们的温度。同时粉尘、水汽、烟雾等周围介质对测量介质及测量结果影响也不大，缺点是结构较为复杂。

习　题

1. 直流电机测量的参数有哪些？有什么意义？
2. 交流电机测量的参数有哪些？有什么意义？
3. 位移测量的方法有哪些？
4. 如何测量转速？
5. 简述常用的测温方法、类型及特点。

第5章 轧件尺寸和位置的在线检测

5.1 板带宽度测量

板带宽度是一个重要的几何参数。为了测量板带宽度，通常是在带钢连轧机组和精轧机组的末架轧机出口侧安装光电测宽仪。它通过光学系统对运动的带钢宽度和带钢对于工作辊的横向位移进行非接触、连续地测量，并指示和记录其偏差值，同时向计算机送出测量信号。

对于板带测宽仪，可依据使用的检测介质(光、超声波）和检测装置进行分类。依据使用的车间，也可对测宽仪进行分类。例如，热轧带钢车间使用光电测宽仪，冷轧车间使用伺服式冷轧测宽仪和CCD测宽仪。广义地说，冷轧伺服式测宽仪也包含在光电测宽仪中。

5.1.1 光电测宽仪

宽度的动态测量目前采用光学扫描方式，按结构可分为旋转镜鼓式光电宽度计和旋转狭缝式光电宽度计两大类。为满足不同测量范围要求，这两类宽度计又有单扫描计和双扫描计两种不同工作方式。单扫描计工作范围小于400mm，双扫描计测量范围可达2800mm。

以下以单扫描器旋转狭缝式宽度计为例(如图5-1所示)，介绍其工作原理。

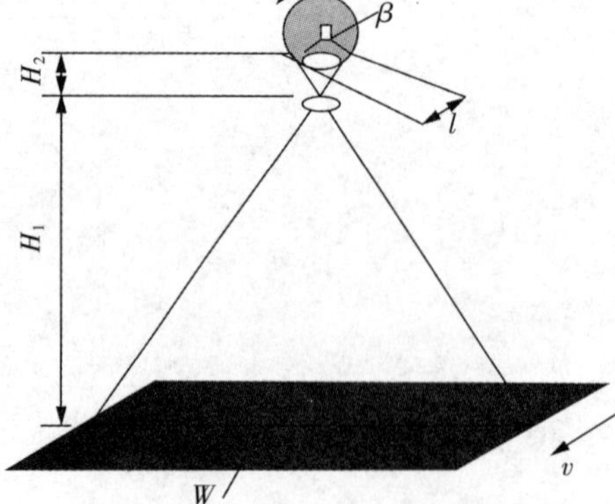

图5-1 单扫描器旋转狭缝式宽度计工作原理图

由若干条狭缝所组成的扫描盘以角速度 ω 旋转，每旋转一周，每一狭缝在带钢宽度方向上扫描一次，红钢的光被光电倍增管转换成光电流。

设扫描仪的光学倍率为 α，狭缝扫描带钢宽度所持续时间为 t_0，则

$$H_1=\alpha H_2,\quad l=2R\sin\frac{\beta}{2},\quad \beta=\omega t_0$$

$$W=l\frac{H_1}{H_2}=2\alpha R\sin\frac{\beta}{2}=2\alpha R\sin\frac{\omega t_0}{2}=f(t_0)$$

其中，t_0 是狭缝扫描带钢宽度所持续的时间，是与带钢宽度成比例的一个量，只要测出 t_0 即可确定带钢宽度 W。亦即只要测出光电倍增管有光电流的持续时间即可。

将光电测宽仪按工作温度可以分为两种：一种是带钢温度较高（约 900℃ 以上）的情况，如粗轧时，使用在长波区域具有光谱灵敏度的光电倍增管，直接利用从被测物体射来的红外线进行宽度测量；另一种是带钢温度较低的情况，如精轧时，因带钢薄，其边缘附近的温度显著下降，则放置光源，由带钢的影子来测量。

采用计算机控制的轧机光电测宽仪的工作原理，如图 5－2 所示。

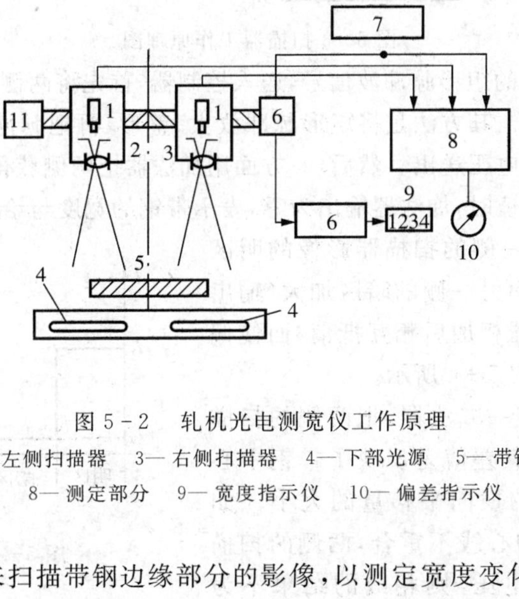

图 5－2　轧机光电测宽仪工作原理

1—光电管　2—左侧扫描器　3—右侧扫描器　4—下部光源　5—带钢　6—自整角机　7—标准宽度给定　8—测定部分　9—宽度指示仪　10—偏差指示仪　11—电动机

在检测部分有用来扫描带钢边缘部分的影像，以测定宽度变化的两个扫描器。两个扫描器的中心放在轧机的中心线上，用电动机正反转动带动精密的正反扣丝杠，使扫描器从中心向相反方向移动，以此来调整两个扫描器之间的距离。扫描器之间的距离用自整角机发出信号，宽度的给定值在指示仪上可表示出来。

在扫描器中装有透镜、转动窄缝机构、光电倍增管、前置放大器、校正零点用的内部校正器。其工作原理如图 5－3 所示，测量时先把两个扫描器之间的距离按带钢的规格来给定。把带钢边缘部分的影像，用透镜聚焦在窄缝机构的窄缝通过面上。在精轧时大多用下部光源，从带钢的下面照射上来，在成像面上得到一个在光亮背景上的被测物暗影像。由于带钢的宽度变化，使成像面上的明暗的边界移动。而圆筒形的窄缝面开有很多很细

的窄缝，此圆筒作恒速转动（称之为转动窄缝机构）。当窄缝落在带钢影像的明区时，将有光线通过窄缝到达光电信增管，使其有一个大的光电流 I_1 产生。反之，当窄缝落在带钢影像的暗区时，没有光线通过窄缝，使光电倍增管输出极小的暗电流 I_0。因此，当窄缝作恒速转动时，在光电倍增管上将获得一个矩形的脉冲波。这样，在带钢宽度变化时，明暗区的界线要移动，即当带钢变窄时，明区变大，暗区变小。光电倍增管输出矩形波的宽度变化，就反映了带钢的宽度变化。

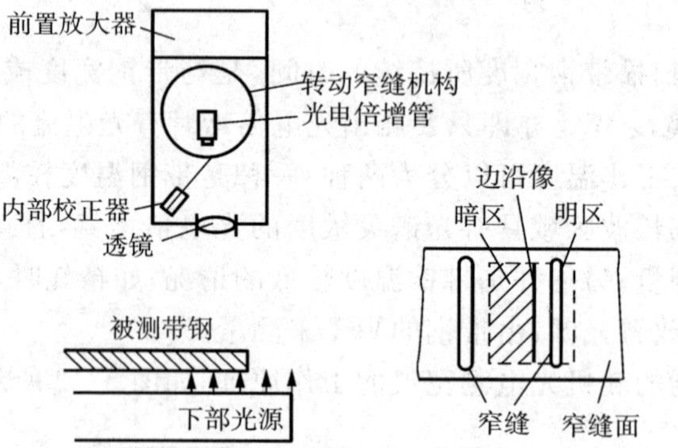

图 5－3 扫描器工作原理图

从两个扫描器获得的矩形脉冲波信号，送入控制器，首先将两侧所获得的脉冲宽度信号分别变为直流电压信号。其方法是将矩形脉冲放大、整形，再把脉冲宽度变成脉冲幅值，用峰值检波器再变成直流电压送出。然后，一方面用加法器把两侧获得的直流电压相加，当被测带钢的宽度等于给定值时，加法器输出为零，表示带钢的宽度与给定值的偏差值为零。若此时发生横向平移，则一侧的扫描器影像的明区加大（输出电压加大），而另一侧的暗区加大（输出电压减小）。因此加法器相加后相互抵消，而使偏差值输出电压不变，如图 5－4 所示。

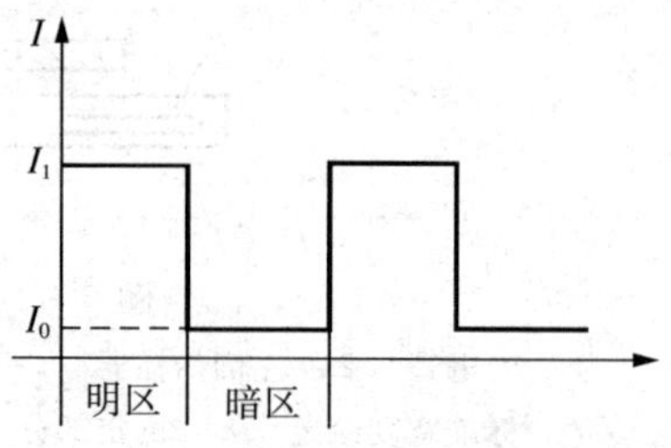

图 5－4 矩形脉冲波

在控制器中还设有一减法器，把两侧的扫描器所获得的电压相减，其差值是反映了带钢中心线与轧机中心线之间的横向平移量的大小。如果带钢中心线与轧机中心线不重合，两侧的扫描器将有不相等的输出电压，则相减的结果不为零。此时输出的信号称为横向平移量，用指示仪表的“+”、“－”来表示带钢的平移方向。

在精轧时要采用下部光源照射，下部光源由两支 2kW 的棒状灯泡组成，用耐热玻璃将其密闭，在小间通过干净的空气进行空冷。在测量时，下部光源在轧机辊道的下面从被测物的下面照射，这时从下部光源旁边安装的冷却水管道中喷出高压水来清洗污垢。

5.1.2 线型 CCD 测宽仪

线型 CCD 测宽仪与光电测宽仪的原理相同，但 CCD 图像传感器本身是线状分布，因此与光电测宽仪相比，该传感器的特点是不使用移动机械。

CCD 图像传感器是一种大规模集成电路光电器件，它是在 MOS 集成电路技术基础上发展起来的新型半导体传感器。由于 CCD 图像传感器具有光电信号转换、信号存储、转移(传输)、输出、处理以及电子快门等一系列功能，而且尺寸小、工作电压低、寿命长、坚固耐冲击以及电子自扫描等优点，促进了各种视频装置普及和微型化。

现在通过一个实例来了解板材 CCD 测宽仪的测宽原理。由于板材宽度尺寸很大，可采用图 5－5 所示的办法。

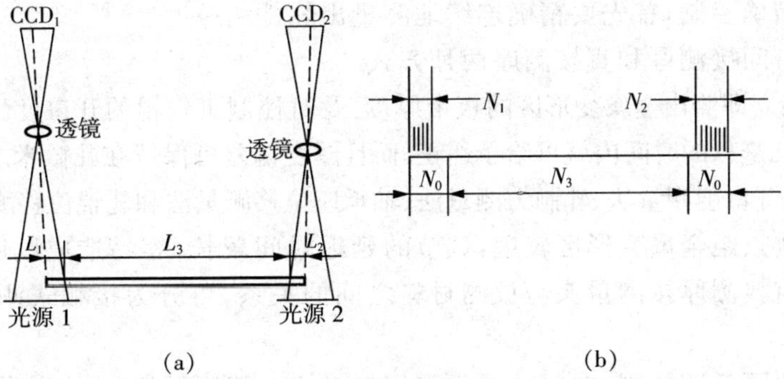

图 5－5 板材宽度测定示意图

由两套光学成像系统和两个 CCD 器件，分别对被测板材两边进行测量，然后得到其宽度尺寸。

以连轧钢板的宽度测量为例，在被测板材左、右边线下方设置光源，经过各自的透镜将边缘部分成像在各自的CCD器件上，两器件间的距离是固定的。设两个CCD的像素数都是 N_0，由于两个 CCD 相距较远，其间必有某一范围 L_3 是两个 CCD 都透视不到的盲区。不过这个盲区 L_3 的数值是已知的，安装光学系统之后就被确定下来不再改变，与 L_3 对应的等效像素数也就已知并且确定了。在扫描过程结束后，CCD_1 输出的脉冲数是 N_1，CCD_2 输出的脉冲数是 N_2。其中 CCD_1 测出的是被测板材的一部分尺寸，即 L_1。根据上述关系可写出类似的关系式为：

$$L_1=\frac{N_0-N_1}{N_0}L_0$$

同理，CCD_2 测出的另外一部分尺寸是 L_2，且

$$L_2=\frac{N_0-N_2}{N_0}L_0$$

由上式可以得到被测物体的总尺寸为 $L=L_1+L_2$，即：

$$L=[(N_0-N_1)+(N_0-N_2)]\frac{L_0}{N_0}+L_3=[2N_0-(N_1+N_2)]\frac{L_0}{N_0}+L_3$$

将 CCD_1 和 CCD_2 所输出的脉冲送入同一个累加器，再按上式运算，便可得出被测尺寸 L_x[1]。

5.2 板带厚度测量

5.2.1 概述

板带钢厚度既是产品质量的重要技术指标，又是精度控制的主要内容。因此，要想提高产品质量和精确控制，首先要精确连续地测量出轧件的厚度。

厚度测量有间接测厚和直接测厚两种方式。

间接测厚能立即测出金属变形区的板带厚度，及时控制工作辊的开口度。当轧制过程中出现偏差时，在几毫秒的时间内就可给予纠正，而且厚度偏差可保持在几微米之内。间接测厚的方法有工作辊开口度测量法、轧制力测量法、轴承座位移测量法和轧辊位移测量法等。

直接测厚测点距金属变形区较远，调节的延迟时间较长，容易造成厚度超差，但使用上比较方便。直接测厚按测量头与被测材料之间的关系，可分为接触式测厚仪和非接触式测厚仪。

对于在常温下低速轧制的带材，通常采用接触式连续测厚仪，它由某种机械式测微器的测头和电气回路组成。电气回路用来使测定厚度与给定厚度的微小差异通过电磁感应进行转换放大，并且在电气指示仪上显示出来。测头上有两个自由旋转的上、下滚子，在能够上、下移动的上滚部分装有机械式测微器。上、下滚的间隙由回转手柄进行调整，它的数值在计数器上显示。如果进来的数值和给定的厚度有差异时，上滚动作，测微器的测量杆也移动同样距离，并改变联动电磁线圈的间隙，通过电气回路把它变换为自感量加以检测，而取得相对标准量的偏差量。

在自动化程度比较高的连轧机上，因为各种类型的接触式测厚仪的动态响应差、机械磨损大，所以不能满足生产要求。因此，普遍采用适应高速、高精度的非接触式测厚仪表。实践证明，这些非接触式的测厚仪能够较好地解决轧制时的成品厚度超差问题，并且可以不断地通过提高轧机的轧制速度来进一步提高轧机的生产能力。

非接触式测厚仪种类很多，在轧制生产中比较常用和技术成熟的是核辐射线测厚仪和X射线测厚仪，它们统称为射线测厚仪。此外，还有激光测厚仪、微波测厚仪、涡流测厚仪、光学测厚仪、气动测厚仪以及红外线测厚仪等，但这些测厚仪不少还处在试验研究阶段。

射线测厚仪是利用射线与物质相互作用时，为物质所吸收或散射效应来进行测量的一种仪表。其主要特点有：

(1) 可进行连续和不接触地测量；

(2) 测量精度较高，响应速度较快；

(3) 能够给出供显示、记录与控制的电信号，易于实现生产自动化。

5.2.2 射线测厚

1. 放射性的种类

普通形式的核辐射主要有两种：粒子（α、β、中子）和波长较短的电磁波（γ射线和 X

射线）。

α 粒子是快速运动（速度是光速的 4.6% ～ 7%）的核粒子，与 β 粒子和 γ 射线相比，α 粒子的能量和射程均较小。它在空气中的最大射程约为 8.6cm，一张普通的纸就可挡住它。α 粒子沿着它经过的路程能使空气发生强烈的电离，这是 α 粒子的一个重要特性。正是由于这一特性，α 粒子才能被用于测量方面。

β 放射物是快速运动的带负电荷的粒子即电子，β 粒子的速度略低于光速，可以被一块较薄的金属层所屏蔽或挡住。沿 β 粒子的路径所引起的电离，要比 α 粒子引起的小很多。

γ 射线是由不稳定的同位素发射的电磁波，与 X 射线非常相似。γ 射线的速度等于光速，所以也称为光子流，但不呈现离散粒子的形式。γ 射线的射程比 α 粒子和 β 粒子大，而且 γ 射线与其他放射性粒子不同，其放射量的减少与屏蔽厚度呈一种指数关系，不管使用任何材料均不能完全拦阻它们，是极其危险的。

由放射源发出的辐射线随时间而减少，即随时间衰变。每秒钟衰减的百分比称为衰减常数 λ。半衰期是一种常用来衡量给定同位素的时间与放射强度关系的尺度，它的定义是放射性核子数减少到原来的 1/2 时所需要的时间。半衰期 $=0.693/\lambda$。

放射性同位素可用三种不同的方法生产和制造：

（1）在核反应堆中用中子辐射来制备；

（2）用诸如回旋加速器一类的粒子加速器制备；

（3）由核裂变来制备，通常是作为各种核反应堆运转时的副产品而获得。

2. 测厚原理

测厚仪的射线源和检测器分别置于被测带材的上、下方，其工作原理如图 5-6 所示。当射线穿过被测材料时，一部分射线被材料吸收；另一部分则透过被测材料进入检测器，为检测器所接收。

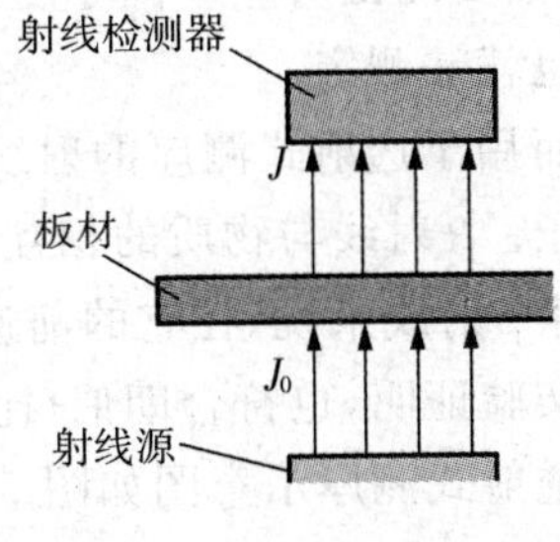

图 5-6　板材厚度测定示意图

X 射线与 γ 射线是光子流，它们透射过物质层被吸收，遵守朗伯-比耳定律，即

$$J=J_0 e^{-\mu_m \rho x}=J_0 e^{-\mu_m x_m}$$

其中，J_0 是入射线粒子密度；J 是出射线粒子密度；ρ 是物质密度；x 是物质层厚度。

μ_m 的意义是一个光子被 1g 物质吸收的概率。对由多元素组成的物质，μ_m 与物质的物理和化学状态无关，仅与组成物质各元素的原子序数和射线的波长有关。

$x_m=\rho x$ 称为质量厚度。当被测板材的材质一定时，μ_m 与 ρ 就一定。这时只要维持入射的粒子流密度 J_0 一定，就可根据出射的粒子流密度 J，计算出板材的厚度 x 或 x_m。

如果放射源的半衰期足够长，那么在单位时间内放射出来的放射数量是一定的。当 β 或 γ 射线穿透物质时，它的强度逐渐减少，这是由于钢板吸收了射线的能量。被吸收的数量取决于被测物的厚度，因此如果能测得被吸收后射线的强度，就可以知道被测物质的反应。射线穿透物质能量衰减的规律以下式表示，即

$$I = I_0 e^{-\mu x}$$

式中　I_0, I—— 分别为通过物质前、后的强度；

x—— 通过物质的厚度；

μ—— 吸收系数。

如果质量吸收系数 $\mu_m = \frac{\mu}{\rho}$，就可以表示为：

$$I = I_0 e^{-\mu \rho x}$$

式中　ρ—— 物质密度。

因为粒子在物质中的射程与物质的密度有关，同一能量的粒子穿透不同密度物质时的最大射程是不同的。为了方便，引进质量厚度来表示粒子在物质中的射程。用 d 表示质量厚度，即

$$d = x\rho$$

同一能量的射线，穿透密度大的物质射程小，穿透密度小的物质射程大。

代入上式得到：

$$I = I_0 e^{-\mu_m d}$$

此式是用 β-γ 射线测量物质厚度的理论根据。被测物质的质量吸收系数 μ_m 也是确定的，只要测出对应不同厚度（或质量厚度）的相对粒子数（或相对强度），被穿透物质的厚度也就被测定。

而用于透射式测厚的射线，除 X 射线与 γ 射线外，还有 β 射线。β 射线是电子流，是带电粒子。β 射线与物质的相互作用有三种：即散射、电离式激发、韧致辐射。这三种作用对窄束 β 射线来说，在它的前进方向观察时，总的效果相当于 β 射线被物质吸收，其吸收规律经实验证明，也符合朗伯-比耳定律。

透射式测厚示意图如图 5-7 所示。

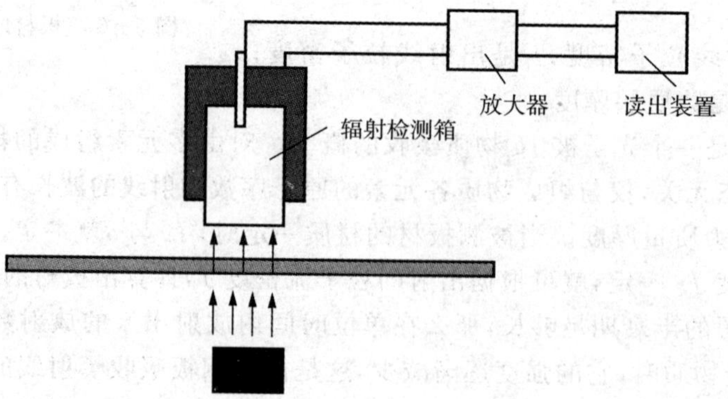

图 5-7　透射式测厚示意图

将放射源放在待测板材下方，把高度敏感的仪器（如离子室或盖-缪计数器等）放在板材上方。当被测板材的材质一定时，μ_m 与 ρ 就一定。这时只要维持入射的粒子流密度 J_0 一定，就可根据出射的粒子流密度 J 计算出板材的厚度 x 或 x_m。

然而还要考虑两种不定的影响，即放射源的衰变和诸如宇宙射线的干扰。必须采取补偿，用两个灵敏的传感器和一个比例电路即可实现补偿。一个传感器用来传感来自放射源的不受板材影响的直接辐射线；另一个传感器用来传感透过板材后的辐射线。这两个传感器所受的衰变和外来干扰的影响相同，从而影响吸收率的唯一因素只是板材的材料，在材质均匀时，更只是板材的厚度。

各种放射源均可采用，但工业上所使用的放射源必须有足够长的半衰期。此外，从安全考虑，β 射线比 γ 射线更适宜。

3. 射线测厚仪表

穿透式测厚仪表的原理由图 5－7 可知，放射源和检测器分别置于被测带材的上、下方，当射线穿过被测材料时，一部分射线被材料吸收；另一部分则透过材料进入检测器，为检测器所接收。

反射式测厚仪表的原理是将放射源和检测器置于被测材料的同一方，当射线与被测物质相互作用，使得其中的一部分射线被反向散射而折回，并进入检测器。射入检测器的反向散射射线强度，与放射源能量及其强度、放射源至被测物质之间的距离、被测物质的成分、厚度、密度以及表面状态等因素有关。因此，当其他量确定不变时，检测到的反射线强度就仅与厚度量有关。

这种检测方法适用于不便于采用穿透式测厚仪的场合，用来进行单面检测材料厚度、覆盖层或涂层。例如，管材管壁厚度测量、镀锌线和镀锡线上的镀层厚度检测等，都广泛采用反射式测厚仪。

5.2.3　微波测厚

微波是指波长从 1000 ～ 1mm 范围内的电磁波，对应的频率为 300 ～ 0.3MHz，其高端接红外线。

1. 微波元件

（1）波导：波导采用电的良导体如铜制成，其形状有矩形、圆形、脊形、椭圆形等。波导的电磁波在波导内部沿轴向传播，并沿横向形成驻波。在波导内传播的电磁波对波长是有限制的，只有波长小于截止波长的电磁波才可以传播。在矩形波导中传播的电磁波只有两种：一种是磁波，记作 H 型波；另一种是电波，记作 E 型波。

（2）短路活塞：波导短接时用，以免电磁波辐射出去。短接时在波导终端产生全反射，并在波导中形成驻波，终端是磁场分量的波腹和电场分量的波节。

（3）环行器：由三个矩形波导互成 120°，连接处放置一个铁氧体圆柱。当电磁波从 1 端进入时，由法拉第旋转效应，使铁氧体周围电磁场产生旋转，形成 1 入 2 出，2 入 3 出，3 入 1 出的环行功能。

图 5－8 为微波测厚的波导、短路活塞和环行器微波元件示意图。

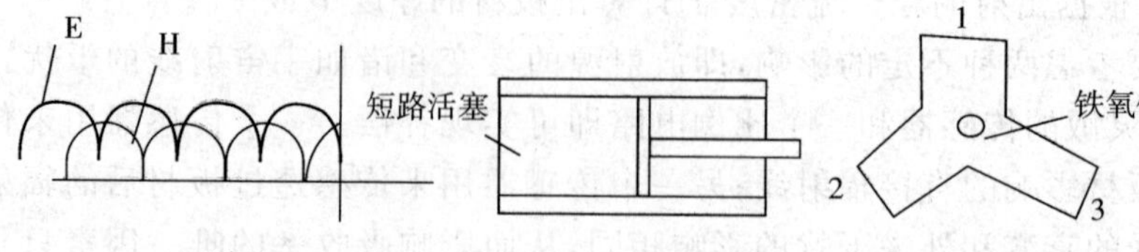

(a) 波导　(b) 短路活塞　(c) 环行器

图 5-8　微波元件示意图

2. 测厚原理

如图 5-9 所示，由终端器和被测板材组成的等效短路器，当它们之间间隔 D 不大时，微波从板材表面的反射情况近似于短路活塞。

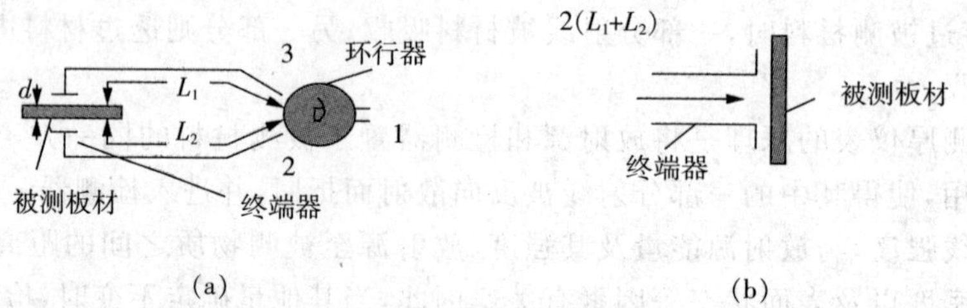

图 5-9　等效短路器

当微波从环行器的 1 端进入，从 2 端出，经过下波导 L_2 和下终端器，在被测板材下表面全反射，反射波由下波导 L_2 返回，由 2 端进入环行器，由 3 端出，经上波导 L_1 和上终端器，被金属板材的上表面又一次全反射，经上波导 L_1 和上终端器返回，最后从 3 端入 1 端出。这样，微波走过的路径为 $2(L_1+L_2)$。

设电磁波沿传播方向单位长度上相位变化量为 β，电磁波相位变化 2π 所需长度为波长，有

$$\beta=\frac{2\pi}{\lambda_g}$$

其中，λ_g 为波导中电磁波波长。则检测时，最后环行器 1 端反射波比入射波落后的相位角为：

$$\theta=2(L_1+L_2)\beta=\frac{4\pi}{\lambda_g}(L_1+L_2)$$

所以当被测板材的厚度变化 Δd 时，滞后相位角变化 $\Delta\theta$，即

$$\theta_1-\theta_2=\Delta\theta=\frac{4\pi}{\lambda_g}\Delta d\Rightarrow\Delta d=\frac{\lambda_g}{4\pi}\Delta\theta$$

上式表示被测金属板材的厚度变化与滞后相位角的变化之间存在线性关系，所以，只需测出入射波与反射波的相位差就可确定板材厚度。

5.2.4　激光测厚仪

1. 激光器特点

激光是一种处于粒子数反转分布状态的工作物质原子，受符合特定条件的外来光子激发而辐射的强光。激光器的特点有：

(1) 高方向性。激光可以集中在很窄的范围内，向特定的方向发射。

(2) 高单色性。激光的频带宽度是普通光的 1/10 以下。

(3) 高亮度。一台水平较高的红宝石激光器在激光束会聚后，能产生几百万度的高温。

2. 激光器种类

激光器是一种能产生强大受激辐射光的装置，它一般由激光工作物质、激励能源和谐振腔三部分组成。激光器的种类很多，按工作物质的不同分为四种：

(1) 固体激光器。如红宝石激光器等，特点是小而坚固，功率高。

(2) 气体激光器。如氦氖激光器等，特点是单色性好。

(3) 液体激光器。如有机染料激光器等，特点是发出的激光波长可在一般范围内连续调节，而且效率不会降低。

(4) 半导体激光器。如砷化镓激光器等，特点是体积小，质量轻，效率高。

激光测厚仪可用于热轧生产线板材厚度的非接触式在线连续测量，与均射线法、微波法、超声法等相比，具有安全可靠，测量精度高，测量范围大，无辐射危害，适用于轧制生产较恶劣的工作环境等优点。

JGC－I 型激光测厚仪的基本工作原理如图 5－10 所示。

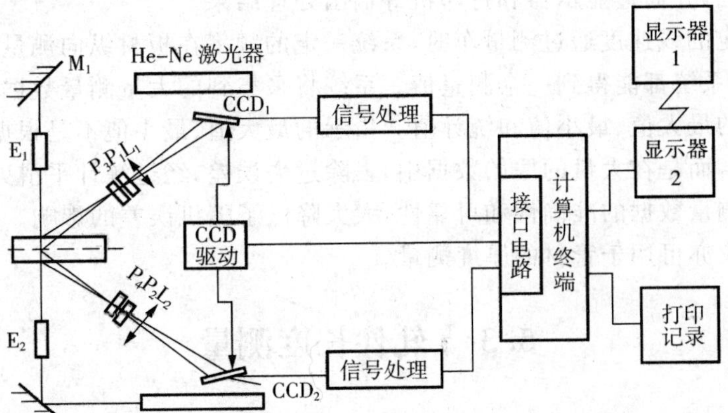

图 5－10　JGC－I 型激光测厚仪工作原理

图中 M_1、M_2 为上、下光路的反射镜；E_1、E_2 为激光压缩器；L_1、L_2 为接收镜头；P_1、P_2 为滤光片；P_3、P_4 为高温窗片。

该设备采用上、下两套基本相似的激光发射机与信号接收系统，提取待测板材的厚度信号。经光电变换、信号处理后送入计算机进行综合处理，得出板材的实际厚度值；然后在显示器上实时显示测量值，并由宽行打印机将测量结果记录下来。

激光器发出的激光束，出反射镜 M_1、M_2 折转 90°，通过光束压缩器 E_1、E_2 形成上、下两束垂直水平面又相重合的测量光束，并分别投射在被测物体的上、下两表面上，形成激光照射点。为提高测量准确度，上、下两束激光束保持共线重合，以保证对钢板进行共点测量。

激光测厚仪测量车的外形是一"C"型架子，它直接安装在生产线上，如图5-11所示，是激光测厚仪的厚度信号提取和预处理部分。

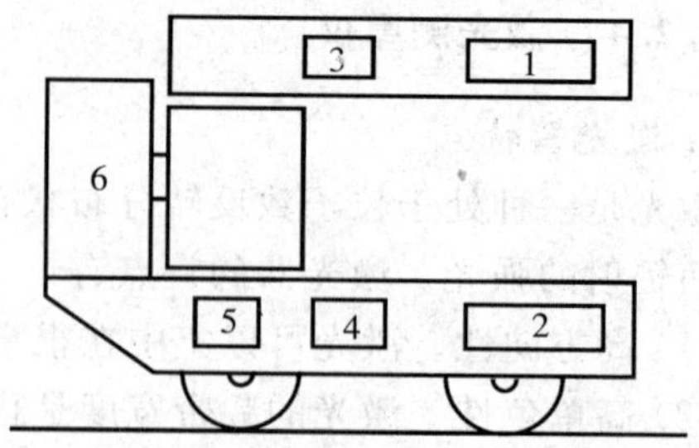

图5-11　激光测厚仪测量车

1—上光机板　2—下光机板　3—上信号处理器　4—下信号处理器　5—驱动电机　6—尾部箱体

测量车主要包括激光发射、信号接收、光电转换、信号处理系统、测量车运行走位装置和通风散热设施等。在测量车上、下两臂的两个光机板上分别装有两套信号接收系统，完成厚度信号的光学识别和杂波滤除。激光束在被测物体表面形成反映厚度的光信号，经接收系统传送到内部光电转换部件。光电转换是由CCD器件及外围电子线路完成，CCD是一种能够将光信号转换成电信号的光敏器件。信号处理系统是将CCD的输出信号处理成可供计算机处理的信号。

激光器及处理电路分别安装在测量车的上、下臂内，在长期工作过程中，由于热积累的存在，会影响激光器及处理电路的正常工作。因此，在测量车内需要安装通风散热设备。

控制终端是测厚仪的数据处理终端，它主要包括控制操作板、数据处理单板机、显示器、打印机等。测厚仪提取的厚度信号被传到控制终端，由控制终端内部的计算机完成进一步的数据处理，并通过显示器和打印机等输出处理结果。

在板材一定的线速度通过测量车时，系统一定的频率在板材纵向测量约130点/s，在每一采样点上，系统都能得到一个测量值。系统将采集到的大量测量数据，经统计处理后求出每块板材的最大值、最小值和统计值。指示的最大值、最小值不是根据其一测量点最大、最小判断的，而是在大量的原始数据中，去除过失误差，经过统计平滑处理后取得的。这样就保证了测量数据的准确性和可靠性，大大降低了随机误差的影响。

激光测厚仪亦可用于管材的厚度测量。

5.3　轧件长度测量

轧件长度尺寸在线检测，通常是采用各种形式的信号变换传感器，经过信号处理求得被测体的长度值。现场使用的定尺测定方法很多，如接触式测长、光束切断式测长和磁标记式测长等，这些方法比较简单易行，但也有它们适用范围的局限性。此部分重点将介绍多普勒式测长仪的工作原理。

5.3.1　常见的简单测长方式

1. 接触式测长

适用于冷轧且速度不太快的情况，基本原理如图5-12所示。

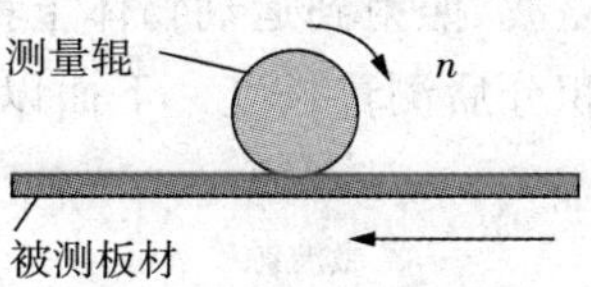

图 5-12　接触式测长

接触式测长将被测物体的直线运动转变成测量辊的转动，如测量辊转数为 n，没有打滑时有：

$$L = n2\pi R$$

设脉冲发生器通过转动机构与测量辊相连，脉冲发生器每周发生脉冲数为 N'，传动比为 K'，则

$$L = \frac{N \cdot 2\pi R}{K'N'} = \left(\frac{2\pi R}{K'N'}\right)N = KN$$

其中，N 为总脉冲数；而系数 K 的大小表征了仪表的分辨率。

2. 光束切断式测长

如图 5-13 所示，沿物体行进路线等距配置几个光电开关，在最后一个区间的全长范围内设置由线性光电二极管阵列制成的高分辨率的长尺，则长度为：

$$L = nl + \Delta l$$

其中，n 为遮断光电开关数；Δl 为二极管阵列输出的端部尺寸。

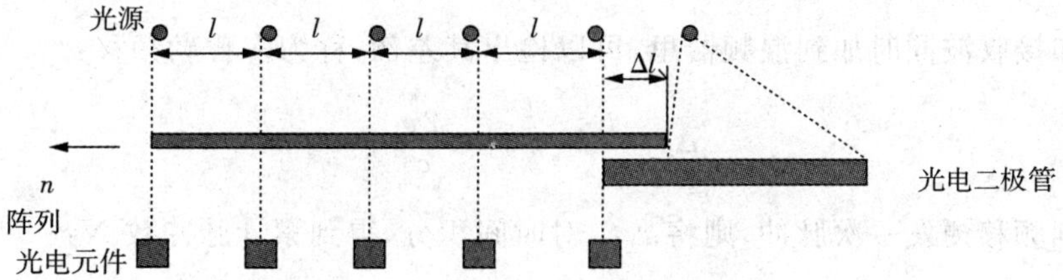

图 5-13　光束切断式测长

3. 磁标记式测长

适用于钢丝、薄板等容易磁化材料。如图5-14所示，当钢丝从充磁磁头下通过时，充磁磁头对钢丝进行磁化，形成一个磁化点，此磁化点经过接受磁头时，接受磁头受磁化点电磁场作用产生一个磁信号，如此持续下去，计数器记录下接受到的磁信号数 n，则钢丝长度为：

$$L = 250n = \frac{n}{4}$$

5.3.2　多普勒测长方式

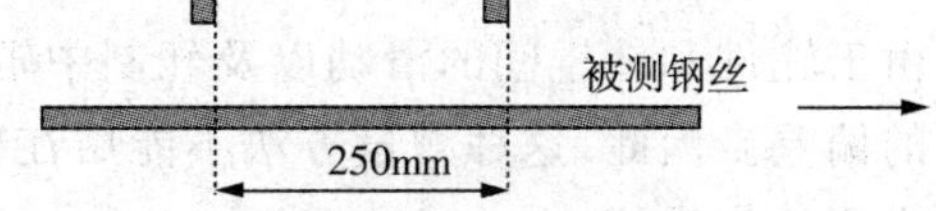

图 5-14　磁标记式测长

1. 多普勒原理

多普勒效应指当光源和观测者有相对运动时，观测者收到的频率与光源发出的频率不同的现象。微波和激光

是电磁波，照射到运动物体上都会产生多普勒效应，它们不但可以用来测速度，也可以对时间积分后测量长度。下面以微波为例来看其工作原理，如图 5－15 所示。

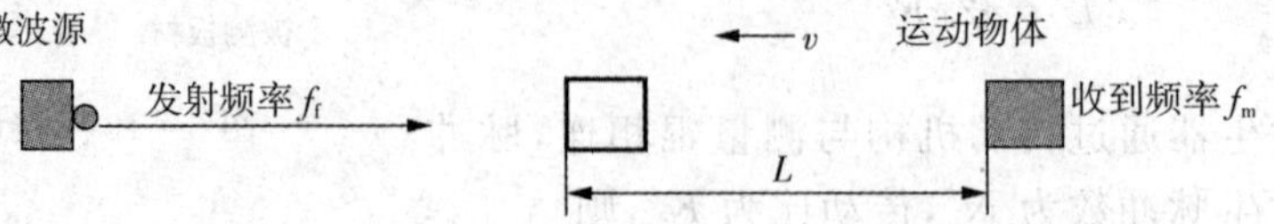

图 5－15　多普勒效应

当微波源面向一个以速度 v 向微波源方向移动的物体发射频率为 f_f 的连续电磁波，则此运动物体接收到的电磁波频率将有所改变，即

$$f_m = f_f + \frac{v}{\lambda} = f_f(1 + \frac{v}{c})$$

其中，λ为微波波长；而微波速度 $c = \lambda f_f$。

当此电磁波从目的物反射回来到达安装发射点的接收器时，接收到的频率近似为：

$$f_f = f_m + \frac{v}{\lambda} = f_f(1 + \frac{v}{c}) + f_f\frac{v}{c} = f_f(1 + \frac{2v}{c})$$

将发射波和接收波同时加到混频器里，可以检出其差额，称为多普勒频移：

$$\Delta f_c = f_j - f_f = \frac{2v}{c} f_f$$

如每检测到频移便发一次脉冲，则将 Δf_c 对时间积分，得到累计脉冲数 N：

$$N = \int_0^t \Delta f_c \mathrm{d}t = \int_0^t \frac{2v}{c} f_f \mathrm{d}t = \int_0^t \frac{2v}{\lambda} \mathrm{d}t = \int_0^L \frac{2}{\lambda} \mathrm{d}L = \frac{2}{\lambda} L$$

所以 $$L = N\frac{\lambda}{2}$$

可见，微波多普勒效应测长度的精度是$\frac{\lambda}{2}$。

例 1　轧制速度为 5m/s，电磁波长为 3.2cm，则

$$\Delta f_c = \frac{2v}{c} f_f = \frac{2v}{\lambda} = \frac{2 \times 500}{3.2} = 313\mathrm{Hz}$$

测长精度为$\frac{\lambda}{2} = 16\mathrm{mm}$。若电子信号经过进一步处理，测量精度可以进一步提高。

由于轧件和轧辊间的滑动以及轧制中辊径经常变化，使得测量误差较大，一般有百分之几的偏差。因此，这种测量方法不能用在轧机自动测量中。对板带测长度在线测量常用激光测长仪进行。

2. 激光测长仪

激光测长仪由激光器、检测器、电子部件和显示器等组成，其中激光器包括带有高电

压电源的激光源。由检测器接收测量信号，然后变成脉冲送入电子部件中放大、运算，再由显示器显示出长度。

激光测长仪可根据实际情况选用干涉法或差分多普勒法。

(1) 干涉法

干涉法基于光的干涉现象，当有两个波长相同的光波相叠加时，如果它们的相位相同，叠加后所合成的光波振幅增强；如果两个光波相位相反，则合成的光波振幅就相互抵消而减弱，把光波在空间叠加而形成明暗相间的稳定分布现象叫做光的干涉。

能产生干涉的光波须满足下列条件：

① 频率相同的两束光波在相遇时，有相同的振动方向和固定的相位差；

② 两束光波在相遇处所产生的振幅差不应太大，否则与单一光波在该处的振幅没有多大的差别，因此也没有明显的干涉现象；

③ 两束光波在相遇处的光程差，即两束光波传播到该处的距离差值不能太大。

通常，满足上述条件的两束光波叫相干波。

激光干涉法测长度如图 5-16 所示，激光器射出的光用透镜把激光束变成一狭长光束，其方向是沿待测物的运动方向。由于光的干涉现象，使反射光呈现出一种强弱变化的光斑。如果物体在运动，那么干涉图形也会运动，因此，在光栅后面的电光接收器上就会产生一种与物体运动速度成比例的光频率信号。

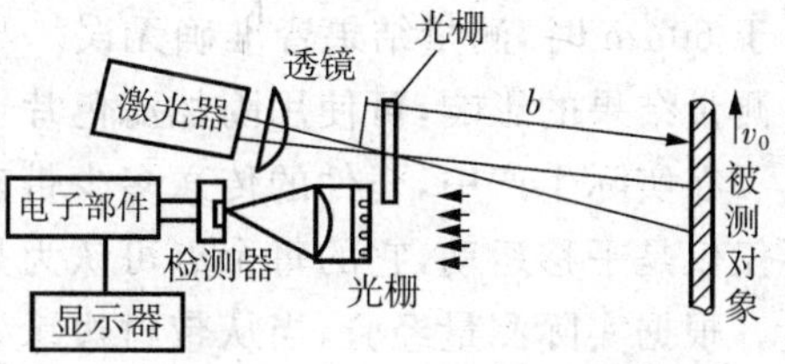

图 5-16　干涉法工作原理图

干涉法激光仪采用构成不同的光学装置，所能测定的速度为 0.5 ～ 50m/s。其测试结果与测头至轧件间距离无关，但频率与速度的关系要取决于物体的运动是平移，还是转动。平移运动时，被测频率(f) 与被测物运动速度(v_D) 之间的关系为：

$$f=\frac{v_D}{\lambda}$$

转动运动时，被测频率(f) 与被测物运动速度(v_0) 之间的关系为：

$$f=\frac{v_0}{\lambda}\left(1+\frac{b}{r}\right)$$

式中　r—— 被测对象的曲率半径。

(2) 差分多普勒法

差分多普勒法原理如图 5-17 所示，它由激光器发射光经过分光镜变成两条激光束，从不同运动方向的夹角射到物体上。根据多普勒效应，反射光相对于入射光要发生平移，如果这两束光正好射在物体同一位置上，则将两个已平移的反射光重叠而形成一个较低频率差，它和两束光的入射角之差与物体运动速度成正比。

差分多普勒法的测量范围为 0.05 ～ 100m/s。差分多普勒法的测量频率与物体运动速度的关系，对于平移和转动两种方式均适用。其频率为：

$$f_D=\frac{v_0}{\lambda}\sin\alpha$$

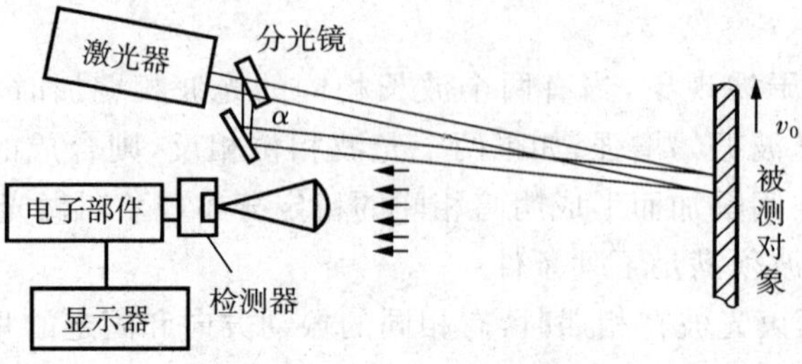

图 5-17　差分多普勒原理图

由上述介绍的干涉法和差分多普勒法的原理可知，被测物体的表面特征对测试结果没有影响。一般只要激光束能被反射，那么测量结果就与表面特征无关。通常，当厚度不小于 60μm 时，测量结果皆准确无误。当测量高温物体时，为了遮挡高温轧件的固有辐射对测量结果的影响，可使用附加滤色片。

在实际生产中，轧件的传送多少带有振动。这样带材上表面的运动对激光镜头来说不仅仅是平移运动，它的每个点可认为是做曲线运动，其曲率半径不断变化，并且不可测量。根据实际测量经验，当从带材边缘处而不是从上表面测量轧件长度时，对于有振动的轧件，用干涉法较好。用差分多普勒法测量时，其测量结果同物体振动无关。

激光法测量轧件长度，其优点是速度快，测量精度高，因此常用在生产线上的剪机和锯机上，并能得到满意的效果。

5.4　辊缝测量

辊缝又叫轧辊开口度，指两辊之间的缝隙，辊缝测量仪是用来测量轧辊开口度的绝对值。

目前在带钢热轧机上广泛地应用直接测厚和间接测厚两种方式。直接测厚一般采用射线测厚仪进行测量，多在连轧机组头、尾两架上采用；而中间几架多用间接测厚。它是通过对轧制力和辊缝的测定，经过简单的逻辑运算，而确定带钢在每一轧制瞬间的厚度。

轧机的原始辊缝值（即不进行轧制时）并不等于轧件的出口厚度，因为当轧机进行轧制时，原始辊缝值将增大（因弹跳），其增大值取决于轧机的刚度系数 K 和轧制力 P。所以，轧机出口处的板厚 h 由无负荷时轧辊开口度 S_0 及轧机弹跳值来确定，即

$$h=S_0+\frac{P}{K}$$

因此，正确设定和测量轧机无负荷时的开口度，对保证成品的厚度和轧机负荷的合理分配时是必要的。

由于轧辊压下(压上)的传动方式有压下(压上)螺丝传动和液压传动,所以辊缝测量方式不同。

SGF 型辊缝测量仪由光电式角度位移脉冲转换器、主机(测量仪表)和外显示器三部分组成。其中光电式角度位移转换器安装在轧机上,一般通过联轴节与蜗杆刚性连接。光电式角度位移转换器检测出的信号,由电缆送至安装在仪表室内的测量仪表进行一系列处理后,再送到安装在操纵台上的外显示部分进行数码显示。

一般轧机的辊缝变化是通过压下螺丝的位置来实现的,压下电机的旋转通过蜗杆蜗轮传动,带动压下螺丝上、下移动,使辊缝值改变。这样,辊缝值可经过机械传动,转换成旋转角位移。故辊缝测量不必直接去测量两辊之间的间隙,可直接测量其角位移。只要将角位移转换成脉冲信号,测定出脉冲数,就可确定辊缝值。

当蜗杆传动速比为 80,压下螺丝的螺距为 16mm 时,如果要求每输出一个脉冲表示辊缝值变化为 0.01mm,则在角度-脉冲转换器与蜗杆刚性连接的条件下,要求转换器每转一圈发出的脉冲数为:

$$p=\frac{s}{ai}=\frac{16}{0.01\times 80}=20$$

式中　p—— 每圈发出的脉冲数,即开槽数;

s—— 压下螺丝的螺距;

a—— 每输出一个脉冲时辊缝的变化值;

i—— 蜗杆传动速比。

将角位移转换成脉冲信号方法很多,SGF 型辊缝测量仪目前采用的是光电式角位移脉冲转换器。

光电式角度位移脉冲转换器的工作原理,如图 5-18 所示。

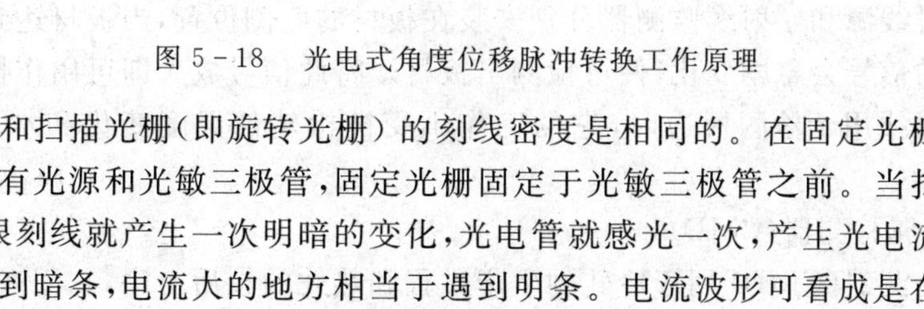

图 5-18　光电式角度位移脉冲转换工作原理

固定光栅和扫描光栅(即旋转光栅)的刻线密度是相同的。在固定光栅和扫描光栅的两边分别装有光源和光敏三极管,固定光栅固定于光敏三极管之前。当扫描光栅转动时,每转换一根刻线就产生一次明暗的变化,光电管就感光一次,产生光电流。电流小的地方相当于遇到暗条,电流大的地方相当于遇到明条。电流波形可看成是在一个直流分量上叠加了一个交流分量,如图 5-19 所示。

当压下螺丝转动时,扫描光栅随之转动,使光敏三极管时而感光,时而不感光,产生电脉冲信号,根据电脉冲的数目可以测知辊缝的大小。辊缝值的增大或减小,对应着压下螺丝的正转或反转，也即对应着扫描光栅（光码盘）的正转或反转。为了辨别光码盘旋转方向，固定光栅的两排光栅相差 90°的电位角，同时采用两只光敏管。当扫描光栅顺时针转动时，光敏管 1 先感光，则其输出信号在相位上超前光敏管 2 的输出信号 90°；反之，当逆时针转动时，光敏管 2 先感光，则其输出信号应超前光敏管 1 的输出信号 90°。两个光敏管的电流波形见图 5-19。因此，通过其感光的先后来判别光码盘的旋转方向，也即判别辊缝值的增大或减小[5]。

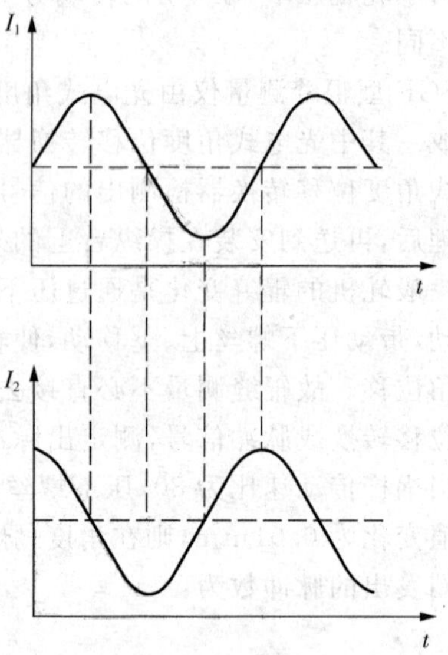

图 5-19　两个光敏管的电流波形

5.5　轧件位置测量

在连轧生产的自动控制中，检测金属的存在性和通过的位置，对保证高速、连续和自动化生产是非常重要的，完成这一功能的是多用热金属检测器和冷金属检测器。

(1) 热金属检测器（HMD）

热金属检测器（HMD）是通过检测热轧件的红外线来检测轧件存在或边部位置的监视器，它是热轧自动运行不可缺少的传感器，如图 5-20 所示。

图 5-20(a) 是它的原理图。该图中被测工件（热轧件）辐射的红外线由物镜聚焦，通过遮断可见光的过滤器，入射到置于焦点位置的光电变换元件（硅太阳能电池）进行光电转换。光电变换元件的输出，由直流放大器放大，即可作为控制信号使用。

使用热金属检测器 HMD 的被测工件的温度可在 200℃ 以上，使用时要充分考虑被测工件的温度变化和水蒸气等引起的检测能力的降低。

(2) γ 射线板边检测器

应用射线检测轧件的存在或板边的位置，是加热炉和粗轧工序自动运行中不可缺少的监视器之一。图 5-20(b) 是它的原理图。

图中 γ 射线源和 γ 射线监测器分别安装在板材的两侧位置，当板材达到检测位置时，检测器发出的信号会急剧变化，便可检测出板材。将此信号放大即可用作控制信号。

在将 γ 射线用于检测板边时，它的工作不受被检轧件温度变化和水蒸气等因素的影响。

(3) 冷金属检测器（CMD）

冷金属检测器（CMD）用于冷轧的生产过程和热轧的较后工序，它用来检测板坯等金属材料的存在性和通过位置。它在脉冲调制光控制系统中，用砷化镓发光二极管作为光源。冷金属检测器（CMD）的工作原理如图 5-20(c) 所示，从发光器发出的光由受光器接收，经板材的辐射、反射或遮光后，受光器输出电压，再放大、检波，最后变换为输出信号。

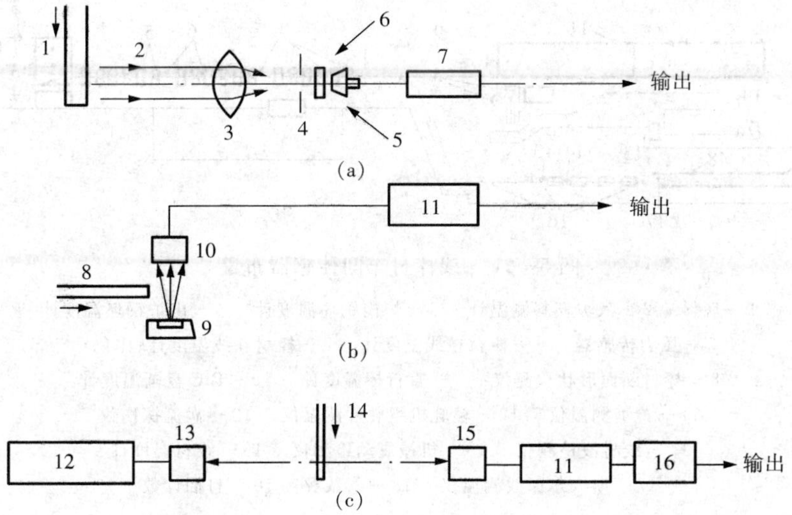

图 5-20　轧件位置检测

1—轧件　2—红外线　3—物镜　4—视野圈　5—光电变换元件
6—可见光切断过滤器　7—直流放大器　8—被测轧件　9—γ 射线源
10,12—放大器　11—振荡回路　13—发光器　14—板材　15—受光器　16—检测器

发光器和受光器相对安装，由于板边遮住了它们之间的光，故可得到板边检测输出。有的特殊的冷金属检测器 CMD 使用激光做光源，用于检测精度要求高的地方。

(4) 型材位置检测和其他传感器

型钢生产过程的自动化离不开轧件位置的检测仪器，如从加热炉直到精整线上用于跟踪轧件的热金属检测器、冷金属检测器、光电管、行程开关、接近开关、压力继电器等。

除了对轧件位置检测之外，还需利用各种传感器件对生产过程中的温度、压力甚至质量等参数进行在线检测。日本川崎公司水岛厂线棒材车间生产线上使用的各类传感器及其安装位置如图 5-21 所示，该车间共设置了 21 台测量轧件温度的辐射型温度计(含双温度计)。第一阶段仅在粗轧机组设置了测力传感器，预定全部轧机都安装测力传感器。所设置的全周回转式端面形状检测仪既用于棒钢，也用于线材。此外还设置了在线涡流探伤仪，可以检测出长度方向上的线缺陷[4]。

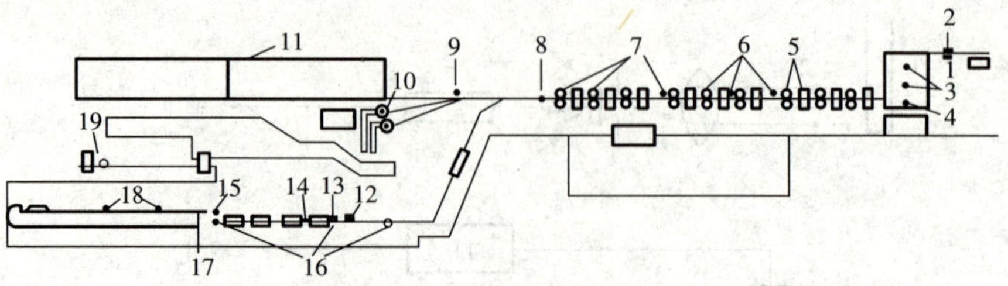

图 5-21　线棒材车间传感器布置

1—坯料　2—入炉坯料测温计　3—炉内钢坯温度计　4—出炉钢坯温度计
5—压力传感器　6—棒材在线温度计　7—棒材在线温度计(比色)
8—棒材断面形状检测仪　9—直行棒温度计　10—BIC 盘圆温度计
11—冷剪测温仪　12—精轧机组轧件测温仪　13—涡流探伤仪
14—线材段检测仪　15—机械震动检测仪　16—线材温度计
17—斯太尔摩线测温仪　18—卷线秤　19—打捆计数

习　题

1. 板宽是如何测量的？可采用哪些方法？
2. 板带厚度是如何测量的？
3. 轧件长度的测量方法有哪些？有何异同点？
4. 给出辊缝的数学公式，简述其意义。
5. 辊缝是如何测量的？简述辊缝测量仪的基本原理。
6. 简述轧件位置的测量方法。

第 6 章　钢材无损检测技术

本章了解无损探伤技术在钢材表面质量检测方面的应用。所谓无损探伤就是在不损害被检对象未来用途和功能的前提下，为探测、定位、测量和评价缺陷、评估完整性、性能和成分、测量几何特征，而对材料和工件进行的检测。显然，缺陷检测探伤是无损探伤的重要方面。常规的无损探伤方法有涡流检测、磁粉检测、射线检测和超声波检测。

6.1　涡流检测

6.1.1　涡流检测原理

涡流检测是基于电磁感应原理揭示导电材料表面和近表面的一种无损检测方法，当载有交变电流的检测线圈靠近导电工件时，由于交变磁场的作用，工件会产生感应电流即涡流。涡流的大小、相位和流动轨迹受工件电导率、磁导率、形状、尺寸和缺陷等因素的影响。涡流还会产生自己的磁场并对原磁场产生作用，进而导致检测线圈交流阻抗的改变，测量线圈阻抗即可获得工件物理、结构和冶金状态的信息。

涡流检测可用于测量和鉴别工件的电导率、磁导率、晶粒尺寸、热处理状态、硬度，可检测折叠、裂纹、孔洞和夹杂等缺陷；可测量非铁磁性金属基体上非导电涂层，或铁磁性金属基体上非铁磁性覆盖层的厚度；还可以用于金属材料的分选，并检测其成分、微观结构和其他性能的差别。

涡流检测时，线圈不必与工件紧密接触，无需耦合介质，因此检测速度快，易于实现检测自动化。并能够在高温状态下进行检测，因此特别适用于工件的在线普检。但涡流检测的对象必须是导电材料，且适用于材料表面或表面缺陷的检测，此外，涡流检测至今仍处于当量比较阶段，对缺陷作出准确定量的判断尚有困难。

6.1.2　涡流探伤仪

涡流探伤仪原理如 6－1 所示。

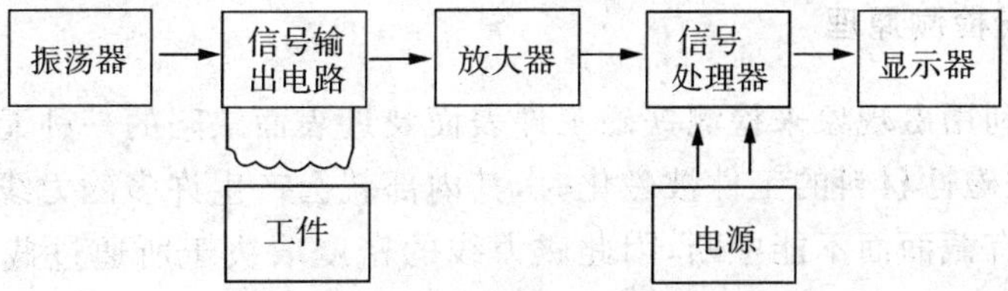

图 6－1　涡流探伤仪原理方框图

涡流探伤仪由振荡器、检测线圈、信号输出电流、放大器、信号处理器、显示器及电源等部分组成。

涡流探伤是靠检测线圈来建立交变磁场,将能量传递给被测工件,同时通过涡流所建立的交变磁场来获得被检工件的缺陷信息,因此检测线圈对检查结果的好坏起着重要的作用。

按感应方式的不同,检测线圈可以分为自感式线圈和互感式线圈。自感式线圈由单个线圈构成,该线圈即作为产生激励磁场在导电工件中形成涡流的激励线圈,同时又是感应、接受导体中涡流再生磁场信号的检测线圈。互感线圈一般是由两个或两组线圈构成,其中一个(组)线圈用于产生激励磁场,另一个(组)线圈是用于感应、接受导体中涡流再生磁场信号。

按应用方式不同,检测线圈分为穿过式线圈、内插式线圈和探头式线圈。按比较方式的不同,检测线圈可分为绝对式线圈、标准比较式线圈和自比较式线圈。

6.1.3 涡流探伤的应用

涡流探伤是对金属管件进行无损检测的主要方法。管件探伤的检测线圈有多种形式,一般对小直径管件通常采用穿过式线圈。检测时,要求管件与线圈同心,管件转动均匀平稳,以减小检测中出现的各种干扰;此外,磁饱和电流不宜过强,否则,影响试件的推进。

穿过式线圈检测对工件表面及近表面的纵向裂纹有很好的反应,且检测速度快,效率高。其电路和机械设计都比较简单,但由于涡流沿管件圆周方向,因此,其对于周向裂纹的检测不敏感,并且当管件直径过大而缺陷面积占被检面积的比率很小时,灵敏度也显著降低。为了克服上述缺点,通常在探测周向裂纹或管件直径大于 75mm 时,不采用穿过式线圈,而是采用多个探头式线圈。探头式线圈检测装置的电路和机械结构均比穿过式线圈复杂,尤其是旋转探头,还要增加探头和仪器间的信号耦合装置。

对于棒线材的检测,大批棒线材的探伤可以采用与管件相似的自动探伤装置。但由于棒材中涡流的分布和管材的不一样,其渗透深度更小,因此,为了使工件达到良好的检测状态,提高检测灵敏度,所用的工作频率比同直径管材探伤使用的频率要低。当工件是铁磁性材料需要采用直流电进行磁化时,因棒材的磁饱和比同直径管材的更困难,所以要达到可较好进行检测的磁饱和程度,需要较好的励磁电流。此外,棒材表面一般比较粗糙,所以,选择的线圈不应对工件表面的轻微凸凹太敏感。

6.2 磁粉检测

6.2.1 磁粉检测原理

磁粉检测是利用磁现象来检测铁磁工件表面及近表面缺陷的一种无损检测方法。其基本原理是,当铁磁性材料的工件被磁化时,其内部就会产生许多磁力线。由于磁力线必须通过工件的所有截面而不能中断,因此磁力线的密度取决于所通过截面的大小。截面越小,磁力线越密。反之亦然。若工件中有其他物质(如真空或非金属夹杂物等)存在,由于其导磁能力差,磁阻大,于是该处的磁力线密度就小,磁力线将发生弯曲,并在工件表面发生漏磁现象，产生漏磁场。如图6－2所示，在工件表面撒上磁粉，则缺陷处在的漏磁场就会吸附磁粉而形成于缺陷形状相应的磁痕。磁痕的宽度远大于缺陷的实际宽度，这样就显示出人眼难以发现的细小缺陷。

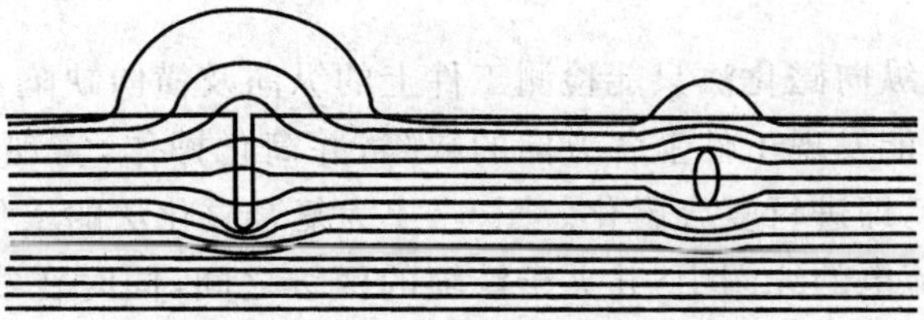

图6－2　缺陷漏磁

磁粉检测可发现各种裂纹、夹杂、折叠、白点、分层、气孔、疏松等缺陷，并具有显示直观、灵敏度高、适应性好、效率高、成本低、设备简单、结果可靠等优点。但它只能检测铁磁性材料的表面和近表面缺陷，且难于定量描述缺陷的深度。

6.2.2　工件的磁化方法

磁粉检测的效果取决于磁场的强弱、缺陷延伸方向以及缺陷位置、大小和形状等因素。当磁化的磁场方向与缺陷延伸方向垂直时，缺陷处的漏磁场最大，检测灵敏度最高；当磁场方向与缺陷延伸方向呈45°角时，缺陷可以显示，但灵敏度降低。当磁场方向与缺陷延伸方向平行时，因不产生磁痕，所以难以发现缺陷。由于工件中的缺陷有各种取向且难以预知，因此应根据工件的几何形状，采用不同的方法直接、间接或通过感应电流对工件进行周向、纵向或多向磁化，以便在工件上建立不同方向的磁场，发现所有方向的缺陷，于是发展出不同的磁化方法。

1. 纵向磁化法

使被检工件内产生与其轴线方向平行磁场的磁化方法称为纵向磁化法。纵向磁化法主要用于检验工件表面或近表面的横向缺陷，常用的纵向磁化法可分为铁轭磁化法、线圈开端磁化法和线圈闭端磁化法三种，如图6－3所示。

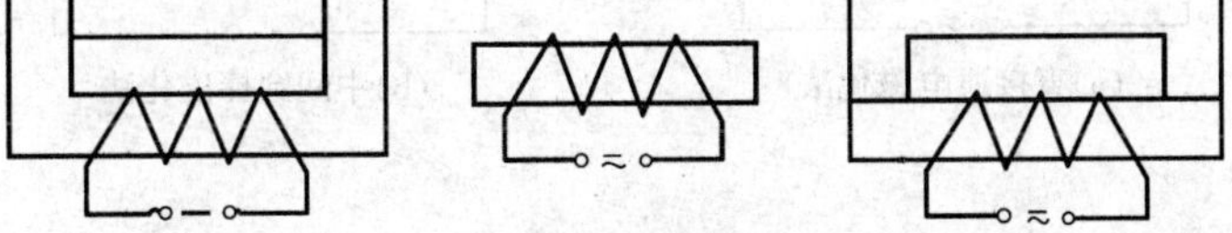

(a) 铁轭磁化法　(b) 线圈开端磁化法　(c) 线圈闭端磁化法

图6－3　三种常用纵向磁化法

(1) 电磁铁轭夹住工件，通电使工件磁化。铁轭磁化法优点是不必将线圈套在工件上，但是必须使铁轭与工件表面紧密贴合。

(2) 线圈开端磁化法是在被检工件上绕以数圈导线，通电使工件磁化。此法的优点是设备简单，但需要较高的电流和电压，并且由于线圈开端磁场发散，使一部分磁力线不仅从工件断面而且从工件表面发散，同时工件两端有磁粉大量吸附，导致两端的缺陷探测不出来。为此，必须接长工件，使磁粉大量吸附现象延伸到接长部分，从而探测出工件两端的缺陷。

(3) 线圈闭端磁化法除在工件表面上绕以线圈外，还将铁轭与工件两端接触。铁轭的作用是使磁路经导磁质短路，既减小了磁阻加强了电磁感应，又减少了漏磁，改善了两端激化情况，因此灵敏度大为提高，但其操作不大方便。

2. 复合磁化法

单独使用周向和纵向磁化法只能检测工件上的纵向及横向缺陷，然而，工件缺陷的方向是千变万化的。为能发现工件上各方向的缺陷，并简化操作，实现自动探测，可在工件的不同方向进行磁化，即进行复合磁化。图 6-4 为复合磁化法的工作原理示意图。在图中，工件置于通以直流电的线圈中，并夹于铁轭的两级之间，同时在线圈 1 中通以交流电以对工件进行周向磁化。

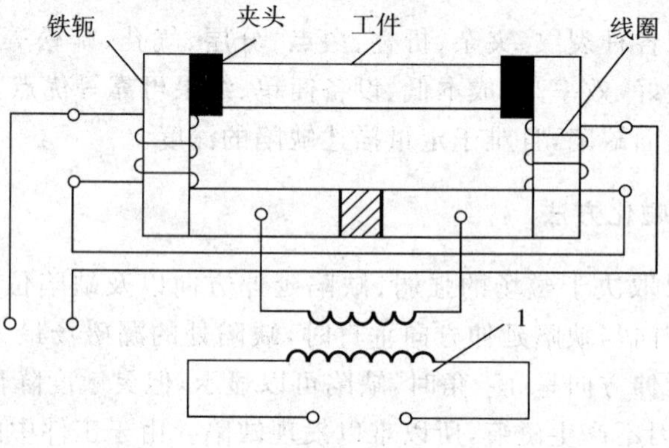

图 6-4　复合磁化法工作原理示意图

3. 周向磁化法

周向磁化法主要用来检测工件表面或近表面的纵向缺陷。常用的周向磁化法有直接通电磁化法、中间穿棒磁化法、电缆磁化法以及局部通电磁化法，其工作原理如图 6-5 所示。

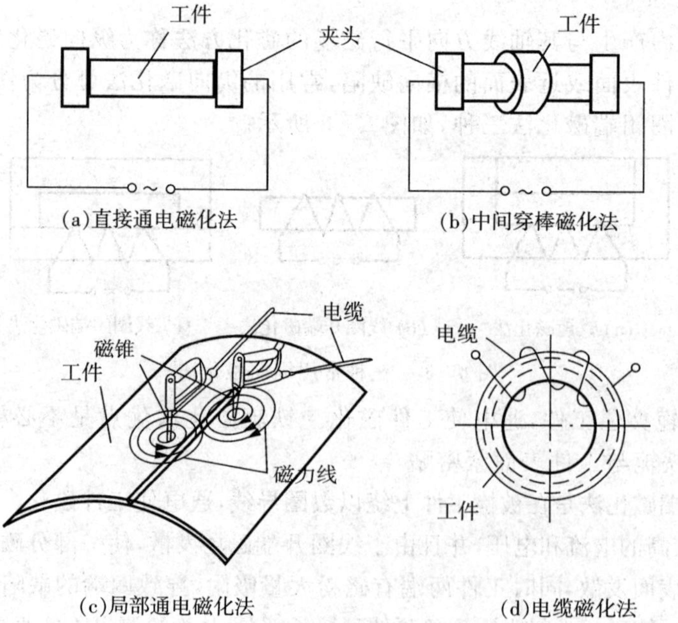

图 6-5　四种常用周向磁化法工作原理示意图

6.2.3　缺陷的检验方法

对工件进行磁化时，首先应决定是采用剩磁法还是连续法。剩磁法是先将工件磁化，在停止磁化电流或除去磁场后，再喷洒磁悬浮液进行缺陷显示。适用于检测剩磁较大的工件，如高碳钢或经热处理的钢结构。连续磁化法一方面对工件施加磁化电流，另一方面同时将磁粉或磁悬浮液浇洒于工件的被检表面。它适用于检查低碳钢及不适合用剩磁法检测的工件。

经磁化后，工件表面或近表面缺陷处磁粉将聚集成一定的图像，根据磁粉痕迹的方向、形状和部位，并结合其工艺过程即可对缺陷性质作出判断。但因工件局部的冷作硬化、强磁性物质接触工件、温度剧烈变化而产生内应力、碳化物层状组织以及工件横截面积的急剧变化等原因，而引起的磁粉痕迹不能作为工件报废的判断，当遇到上述原因引起的缺陷痕迹时，应结合其他的检测方法加以判断。

6.3　射线检测

6.3.1　射线检测原理

射线检测时基于被检工件对透入射线（无论是波长很短的电磁辐射还是粒子辐射）的不同吸收，来检测工件内部缺陷的一种无损检测方法。其基本原理：当射线透过被检工件时，由于工件各部分密度差异和厚度变化，或者由于成分改变导致的吸收能力差异，工件不同部位对射线的吸收能力亦不相同，因而可以通过检测透过工件后射线强度的差异，来判断工件中是否存在缺陷以及缺陷的性质、形状、大小和分布。

射线检测主要用于体积性缺陷，如气孔、疏松、夹杂等的检测，也可检测裂纹、未焊透、未熔合等缺陷。

根据图6-6可以了解到射线检测的原理。

射线透过无缺陷部位的强度为：

$$J_1 = J_0 e^{-\mu A}$$

式中　J_0—— 射线透过材料后的强度；

J_1—— 射线透过材料前的强度；

μ—— 材料线衰减系数；

A—— 透过层材料厚度。

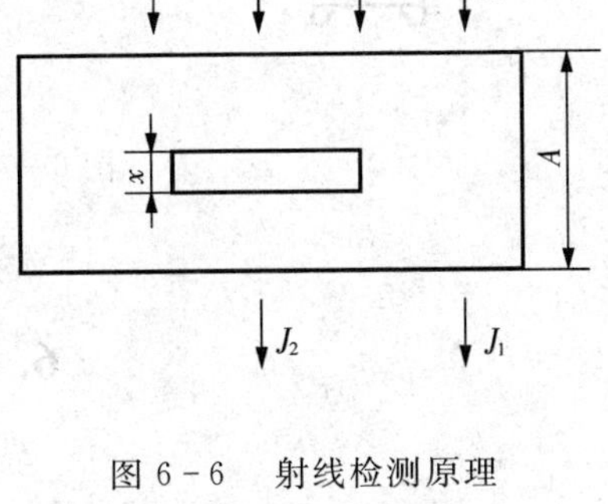

图6-6　射线检测原理

射线透过有缺陷部位的强度为：

$$J_2 = J_0 e^{-\mu(A-x)}$$

式中　x—— 缺陷在射线方向的厚度。

于是，两强度比为：

$$J_2/J_1 = e^{\mu x}$$

可见，缺陷沿射线透射方向长度越大或被透照物质线吸收系数越大，则透过有缺陷部位和无缺陷部位的射线强度差就越大，此时缺陷就越容易被发现。

射线检测具有可检测工件内部缺陷，且检测对象基本不受工件材料、形状、外廓尺寸限制的优点，但一般仅能提供定性信息，且存在三维结构二维成像、前后缺陷重叠的缺点。

6.3.2 X射线探伤技术

X射线探伤主要有照相法、荧光屏观察法和X射线电视法三种。照相法技术较为成熟，但探伤周期较长，操作也不方便；荧光屏观察法省去了胶片的曝光和处理程序，但观察者靠近射线源，所以射线剂量受到限制；为提高探伤效率，满足生产中大批工件的自动检测要求，目前普遍采用的是X射线电视探伤技术。

工业应用最多的是X射线电视探伤装置，该装置主要由X射线源、图像增强器、摄像管和显示器等部分组成。该装置将被摄图像成像到摄像管的光电阴极上，通过有规律地扫描，从摄像管中取出图像信号，经放大后用电缆传送到显像管，再现出光信号。如图6-7所示。

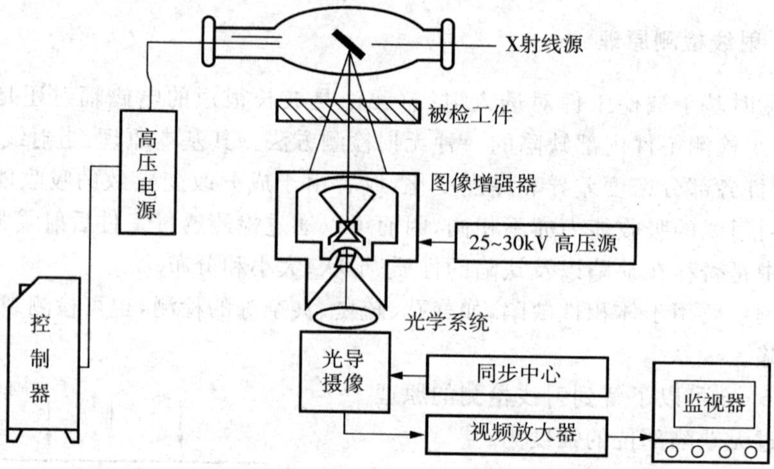

图6-7 X射线电视探伤系统框图

6.4 超声波检测

6.4.1 超声波检测的原理

超声波检测是利用其通过某些介质的声速、声波衰减和声阻抗等声学特性来检测材料的缺陷的一种无损探伤方法。

在检测中应用最多的物理量就是介质的声速，因为，介质的声速与介质的许多特性（如介质的成分、混合物的比例、溶液的浓度等）有直接或间接的关系，利用这些关系，就可以通过测量声速来检测介质的这些参数，并且介质的声速与介质所处的状态（如介质的温度、压力、流动等）有关，因此可以通过测量声速来测量温度、压力、流速等参数。如果某一个介质的声速已知，利用声波传播的距离和传播的时间或利用声波波长的频率之间的关系即可测量距离。

利用声阻抗或声衰减与介质某些特性之间的关系来测量介质的相关特性参数，也是常用的超声波检测原理。

6.4.2　超声波传感器

将超声波发射出去，然后再接收回来，并变成电信号的装置叫超声波传感器，也叫超声波探头。超声波传感器根据其工作原理的不同，可以分为压电式、磁滞收缩式和电磁式三种。

目前应用数量最多的超声波传感器是以压电效应为原理的超声波传感器，它将来自发射电路的电脉冲加到压电晶片，变成同频率的机械振动，从而向被检测对象辐射出超声波。同时，它又将从声场中反射回来的声信号转换成电信号，送入接收、放大电路，变为可在荧光屏上观察和判断的检测信号。

探头的基本形式有直探头和斜探头，直探头主要用于发射和接收垂直于探头表面的纵波；斜探头的压电晶片与探头表面成一定角度，常用的有横波探头、表面波探头和板波探头，其他各种探头都可以说是它们的变型。

为增大声能的透射率，使声波更好地传入工件，常用机油、甘油、水玻璃等液体作为耦合剂置于探头和工件之间。

6.4.3　超声波探伤技术

1. 脉冲反射法和穿透法

(1) 脉冲反射法

由超声波探头发射脉冲波到工件内部，通过观察来自内部缺陷或工件底面反射波的情况对工件进行检测的方法。图6-8所示为接触法单探头直射声束脉冲反射法的基本原理。

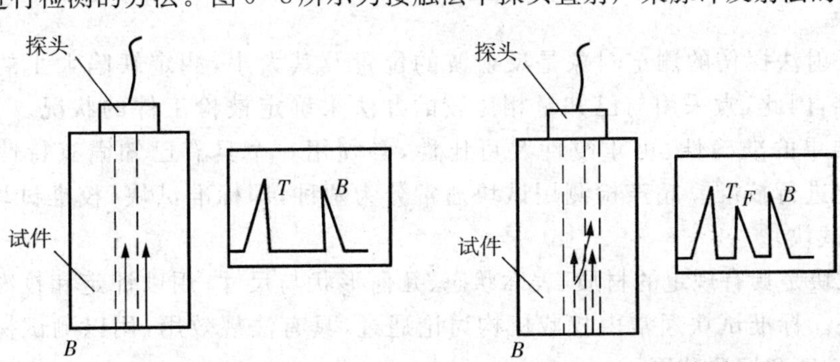

图6-8　接触法单探头直射声束脉冲反射法工作原理图

当工件中不存在缺陷时，显示波形中仅有发射脉冲 T 和底面回波 B 两个信号。而当工件中存在缺陷时，在发射脉冲与底面回波之间将出现来自缺陷的回波 F。通过观察 F 的高度，可对缺陷的大小进行评估；通过观察 F 距发射脉冲的距离，可以得到缺陷的埋藏深度。当材质条件较好且选用探头适当时，脉冲回波法可对管材非常小的缺陷回波，达到很高的检测灵敏度。但是，脉冲反射法不可避免地存在盲区。

(2) 穿透法

穿透法通常选用两个探头，分别置于工件两侧，一个将脉冲波发射到工件中，另一个接收穿透工件后的脉冲信号。依据脉冲波穿透工件后能量的变化，判断内部的缺陷情况，如图 6-9 所示。

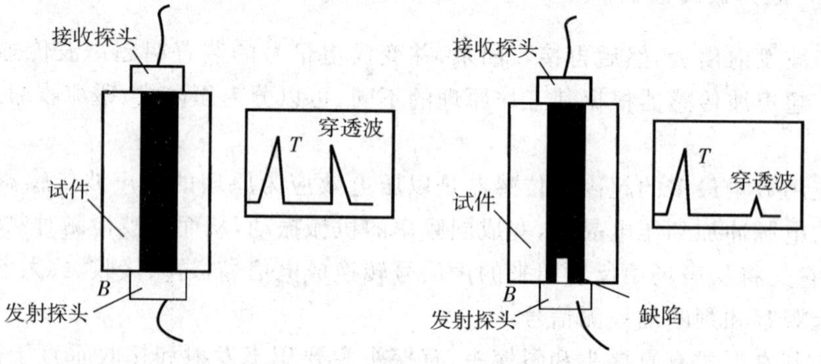

图 6-9　穿透法工作原理图

当材料均匀完好时，穿透波幅度高且稳定；当材料中存在一定尺寸的缺陷或存在材质的剧烈变化时，由于缺陷遮挡了一部分穿透声能，引起声能的衰减，从而使穿透波幅度明显下降甚至消失。很明显，这种方法无法得知缺陷深度的信息，对缺陷尺寸的判断也十分粗略。

脉冲反射法具有检测灵敏度高、缺陷定位精确、操作方便、只需单面接近工件等优点，在近表面分辨力和灵敏度满足要求的情况下，脉冲反射法是最好的选择。而穿透法的优势在于其不存在检测盲区，缺陷的取向对穿透衰减影响不大，同时，材质衰减只有反射法的一半。因此，穿透法适用于缺陷尺寸较大的薄板以及衰减较大材料的缺陷检测。

2. 试块

脉冲反射法探伤的测定对象是反射波的位置及其大小，测定缺陷大小的绝对值往往比较困难，因此，常采用与已知量相比较的办法来确定被检工件的状况。另外，为了保证检测结果的准确性、可重复性及可比性，必须用一个具有已知固有特性的试块来对检测系统进行校准。超声检测用试块通常分为两种，即标准试块（校准试块）和对比试块（参考试块）。

标准试块是具有规定的材质、表面状态、几何形状与尺寸，用以评定和校准超声检测设备的试块。标准试块通常由权威机构讨论通过，具有法规效用，用以测试探伤仪的性能、调整灵敏度和探测范围。

参考试块是针对特定条件而设计的非标准试块，大都采用与工件材质相同或相似的材料制作。可以是人工缺陷反射体，也可以是自然缺陷反射体，但从本质上说，它与标准试块是一致的。

3. 结果评定

纵波直探头检测时，缺陷波最大幅度的位置即为所处方位，缺陷距工件表面的埋藏深度 l 如图 6－10 所示。

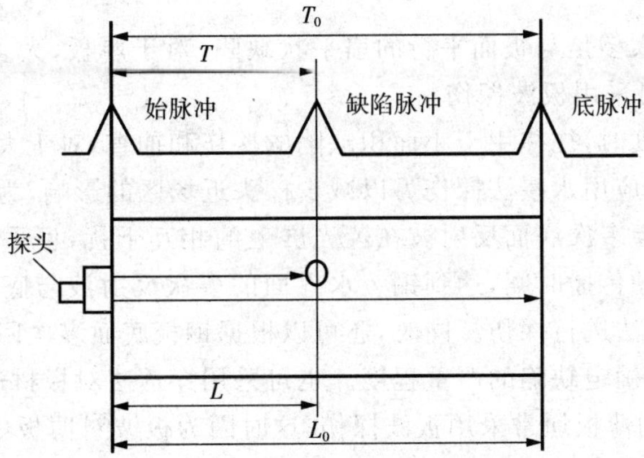

图 6－10　纵波检测缺陷位置的确定

根据工件上、下边界脉冲间距 T_0 和上边界与缺陷脉冲间距 T 以及工件厚度 L_0，按下式可确定：

$$l = l_0 \frac{T}{T_0}$$

横波斜探头检测时，缺陷位置的确定如图 6－11 所示。

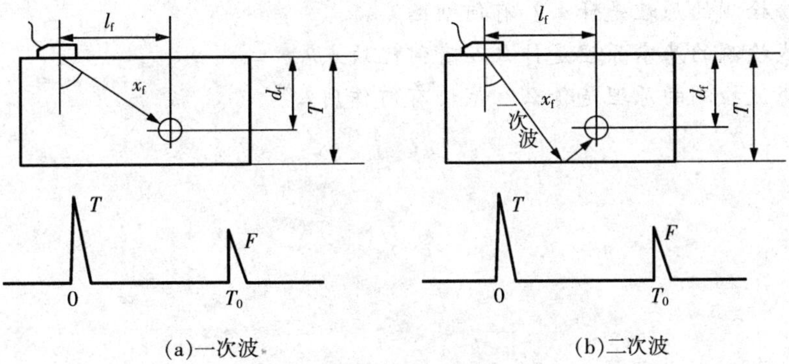

图 6－11　横波检测缺陷位置的确定

当找到缺陷波幅度最大的位置时，根据已知的折射角以及仪器上读出的声程(x_f)、深度(d_f) 或水平距离(l_f)，即可通过简单的几何关系算出其他位置数据。在计算缺陷深度时，需注意二次波的被检情况。

缺陷尺寸的评定方法按缺陷尺寸相对声束截面尺寸的大小分为两种情况，缺陷小于声束截面时用当量尺寸评定法;缺陷大于声束截面时用缺陷指示长度测定法。当量法是将缺陷的回波幅度与参考试块缺陷的回波幅度进行比较,两者相等时以参考试块的缺陷尺寸作为缺陷当量。缺陷指示长度的测定,是通过向缺陷两端移动探头,同时观察缺陷波幅度的变化,以缺陷波幅度降到某一值时探头移动的距离作为所测缺陷的长度。

6.4.4 钢板检测

钢板的内部缺陷大多是与板面平行的扁平状缺陷,对于厚板,大多采用纵波探伤;板厚小于 6mm 的薄板可采用板波探伤。

用接触法探伤厚度时,往往用于小面积缺陷的探伤和抽查,对于大面积擦伤和批量探伤,大多采用水浸法。应用水浸法探伤可以减少探头近场区的影响,为消除钢板上表面的多次界面反射波和钢板多次底面反射波在荧光屏上的相互干扰,可采用通过调节水层厚度来改变声波在水中的传播时间,达到钢/水界面的多次反射波与底面的多次反射波相重合,即采用多次重合法进行探伤。同时,还可以根据钢板底面多次回波的高度变化来判定声衰减的快慢,从而确定缺陷的严重程度。也可采用穿透法对板材进行探伤。

板厚小于 6mm 的薄板通常采用板波探伤,这时因为板波对薄板中的缺陷比较敏感,且传播距离大,探伤速度快,易于实现自动化。

板波探伤中,对板材采用不同的入射角时就会激发出不同波形的板波,从而对不同性质和位置的缺陷有不同的灵敏度。因此,在探伤前最好通过试验来确定哪一种波形对探伤的板材具有最高的灵敏度和较小的损耗[4]。

习　　题

1. 简述涡流检测技术原理、适用领域及主要特点。
2. 棒线材探伤有何特点?如何选择线圈?
3. 磁粉检测的原理是什么?有何缺陷?
4. 射线检测的基本原理是什么?有何优缺点?
5. 超声波检测的原理是什么?试块有何作用?

实验 1　计算机数据采集系统集成

1.1　实验目的

通过实际操作使学生熟悉计算机数据采集系统的软硬件组成和实际数据采集系统的集成过程与方法，初步掌握 Genie 的使用。

1.2　实验原理

1.2.1　计算机数据采集系统

计算机数据采集是把对象（过程）的有关参数（如温度、压力、流量和转角等），通过输入通道，把模拟量变成数字量（也可直接输入数字量）送给计算机处理。计算机数据采集系统的基本构成，如图实 1－1 所示。

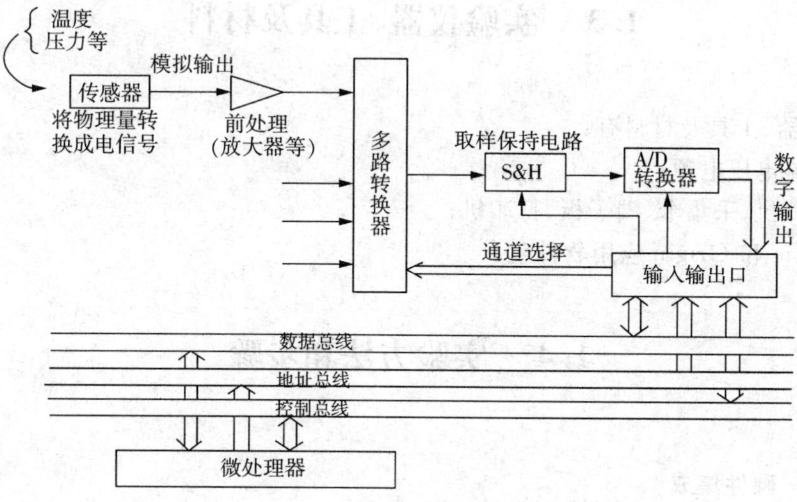

图实 1－1　计算机数据采集系统的基本构成图

本实验所用数据采集卡为 PCL－812PG，模拟信号输入为 5V 以下直流电压，信号通过端子板接入采集卡。采集软件系统采用过程控制与数据采集系统 Genie 软件包，由用户制定策略并实时运行。

1.2.2 控制与数据采集系统 Genie 简介

Genie 在 Windows 环境下运行，是一个功能全面、应用灵活、适用于各种自动化应用的数据采集和控制软件包，由用户设计制定实时自动化控制策略，实现系统监视和动态控制。在策略编辑器中提供了工业标准数学模型库和控制功能库，该功能库使用图标模块表示，用户只需将图标模块在策略编辑器中进行排列、连接，然后绘制动态显示图即可。软件通过 Windows 的 DLL 动态链接库，直接支持 I/O 硬件设备。

创建一个过程控制 / 采集策略的典型过程，包括以下几个步骤：

(1) 使用鼠标在策略编辑器的工具箱中选出并排列必要的图标模块。策略编辑器是一个基于图标的设计环境，设计时使用工具箱建立控制或采集所需的图标模块，并可进行配置和察看。

(2) 使用工具箱中的连接线，将各个模块连接起来以完成所需的控制 / 采集策略。

(3) 在屏幕上双击每个图标模块，从而对模块参数进行配置。

(4) 进入显示编辑器设置每个显示选项，在策略编辑器中双击显示模块，即可激活显示编辑器。显示编辑器用于创建控制或采集的显示操作面板，在策略运行时提供动态显示画面，用户可以创建类似于测试设备或工业过程显示的面板。

Genie 运行软件模块利用 Windows 提供的多任务操作环境，把操作面板上的显示组件与预先制定的策略逻辑流程连接起来，实时运行用户的策略，从硬件 I/O 设备输入采集数据，对数据进行记录、图表显示、重放和处理。

1.3 实验仪器、工具及材料

实验仪器、工具及材料有：

(1) 直流电压电源；

(2) 计算机、采集卡、端子板、打印机；

(3)Genie 和 Origin 应用软件包。

1.4 实验方法和步骤

1.4.1 硬件集成

1. 实验方法和步骤

(1) 连接计算机、端子板，检查其连线；

(2) 检查直流电压电源，应在 5V 以下；

(3) 采集卡 I/O 口地址设定(220－22F)：

SW1：0　0　0　1　0　×

A8A7A6A5A4A3

(4) 采集卡等待状态选择：

SW1：0　0　0

A2A1A0

(5) 采集卡 DMA 通道选择：

(6) 采集卡触发源选择：

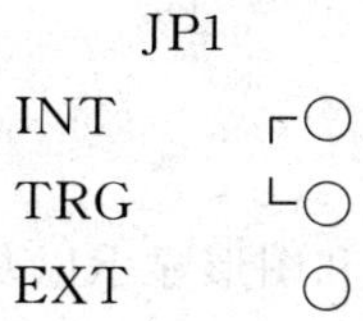

(7) 计数器时钟选择(2MHz)：

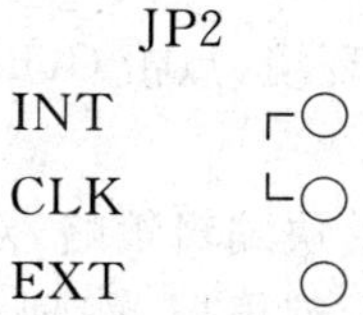

(8) 中断优先级选择：

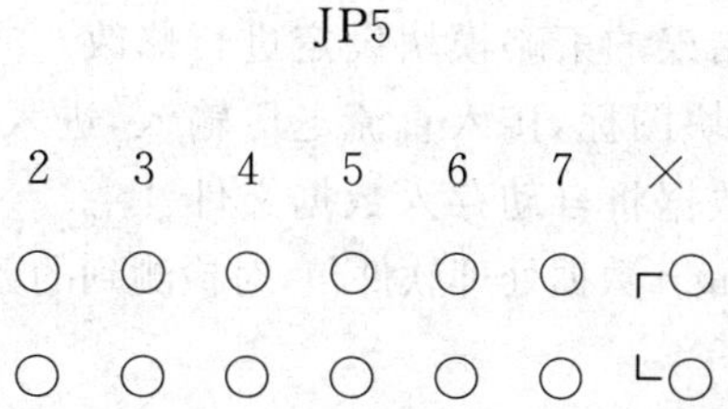

(9)A/D 转换最大电压输入范围(±5V)：

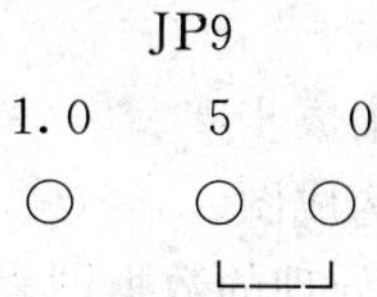

采集卡结构及各跳线位置如图实 1-2 所示。

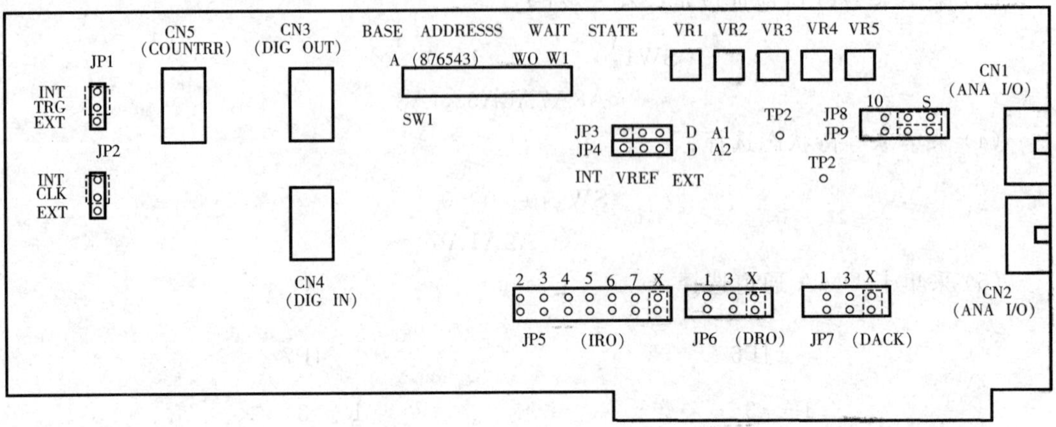

图实 1-2　采集卡结构示意图

1.4.2　软件集成

1. 要求

(1) 有模拟量输入模块(AI);

(2) 有数据文件输入记录模块;

(3) 有时间输入模块;

(4) 显示部分要有模拟量的数据和图形显示以及时间显示;

(5) 数据文件记录的电压采集数据要能够输入到 Origin 处理,并画出图形。

2. 步骤

(1) 打开计算机,进入 Windows 环境,点击 Genie 图标,进入 Genie 软件包,再点击策略编辑器图标,进入策略编辑器。

(2) 规划策略的构成,调出所需模块编辑策略,双击各策略模块图标,设定其参数。

(3) 双击显示模块图标,进入显示编辑器,规划各种显示方式的构成,调出所需显示模块,编辑显示,双击各显示方式图标,设定其参数。

(4) 试运行策略,对有错误的策略模块设定进行修改。

(5) 点击 Genie 运行模块图标,接入直流电压输入,进入数据检测。

(6) 检测完毕,检测的数据将自动存入数据文件。

(7) 退出 Genie,调用 Origin 数据处理软件包,对检测到的数据进行处理和打印输出。

1.5　实验报告要求

1. 简述计算机数据采集系统的集成步骤。

2. 画出直流电压数据采集策略构成图。

3. 给出采集数据及经过 Origin 处理的数据图表。

实验 2　电阻应变式传感器制作与标定及静态特性测定

2.1　实验目的

通过实验掌握电阻应变片粘贴技术和组桥连线方法，培养学生实际制作传感器的能力；掌握动态电阻应变仪和光线示波器或计算机采集系统的使用方法，培养学生实际操作测试仪器的能力；掌握测力传感器标定方法和测试装置静态特性的测定方法。

2.2　实验内容

2.2.1　弹性元件的制备

包括磨光、清洗、烘干，应变片的外观检查和阻值分选，应变片的粘贴和组桥连线，防潮处理。

2.2.2　动态电阻应变仪的连线

实验室常用动态电阻应变仪有四个或六个通道，可同时测四路或六路信号。每个通道如图实 2-1 所示。

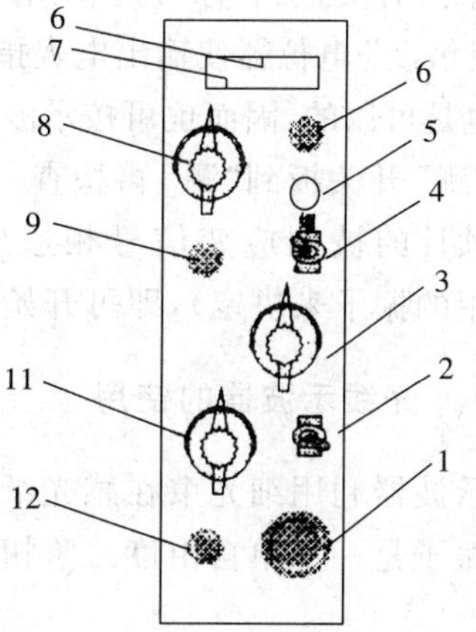

图实 2-1　应变仪面板示意图

1—输入插头　2—标测开关　3—标定开关　4—基零调节　5—电容平衡　6—输出电表　7—平衡指示电表　8—办出开关　9—电阻平衡　10—电阻平衡转换开关　11—衰减开关　12—灵敏度微调

电桥按 120 Ω匹配设计，装在电桥盒内，在电桥盒内有两个 120 Ω的精密无感电阻和一个 1000pF 云母电容器。电阻作为半桥测量时的内半桥，全桥测量时则将这两个电阻断开；电容为电容平衡粗调，当“电容平衡”调节范围不够时，将接线柱“6”接到“1”或“3”上。在半桥和全桥测量时，电桥盒的接线如图实 2-2 所示。

在待测传感器如图连接电桥盒后，将电桥盒的插头插入应变仪面板下部的“输入”插座内。应变仪背后的输出线接好后，输出线的另一端接到光线示波器相应的输入接线柱上，或接到计算机采集系统的端子板上接线柱上。

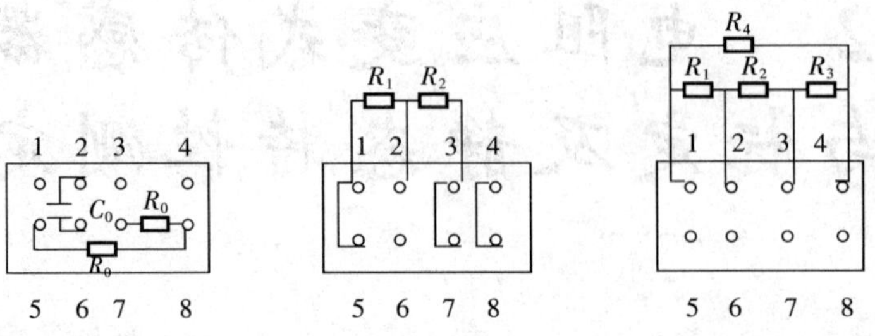

(a)盒内线路　(b)半桥接法　(c)全桥接法

图实 2-2　电桥盒接线图

2.2.3　应变仪平衡调节

先观察应变仪面板上输出表是否指零，如果不指零，调节“基零调节”电位器，使表针指零。将“衰减”开关转到“100”，观察输出表和平衡指示表是否都指零，如果不指零，用“电阻平衡”和“电容平衡”调节到两个表针大致指零。之后将“衰减”开关依次转到“30”、“10”、“3”、“1”，将指针调零，如不能将指针调零，可将“电阻平衡”的“粗细”开关转到“细”，以增加预调平衡范围；如能使输出表针指零，而不能使平衡表针指零，则可利用电桥盒内的电容器，将接线柱“6”与“1”或“3”连接(由实验决定)，再用“电容平衡”调节。

将“标测”开关扳到“标”，调节“基零调节”使输出表为零，用“标定”开关给出 ±30 微应变，调节“灵敏度”电位器使输出电表指 ±7.5mA，此时即调到了额定灵敏度。不在额定灵敏度使用也是可以的，因而也可按示波器上波形的大小满足要求来调节“灵敏度”电位器。

将“标测”开关扳到“测”再检查一次平衡，如有不平衡则再次调到平衡。将“衰减”开关放到和预计的被测应变信号相适应的位置，将“输出”开关扳到“测量 12”或“测量 16”(由使用的振子来决定)，即可开始使用。

2.2.4　光线示波器的使用

光线示波器利用细光束在感光纸上记录被测信号，是一种广泛应用的记录仪器。光线示波器振子是一个单自由度二阶扭振系统，其幅频特性和相频特性为：

$$A(\eta)=\frac{1}{\sqrt{(1-\eta^2)^2+4\zeta^2\eta^2}}\frac{K}{G}$$

$$\varphi(\eta)=-\operatorname{arctg}\frac{2\zeta\eta}{1-\eta^2}$$

振子均采用具有高灵敏度的线圈式结构一起插入公共的磁系统内，磁系统装有恒温装置，使振子的工作温度经常保持在(45±5℃)，磁系统上装有能使振子作俯仰及转动的活动极靴，调整后可以用止动螺钉固定。

振子选择要考虑振子的幅频特性，被测频率与振子固有频率之比越大，振幅误差也越大。有阻尼的振子当$\beta=0.7$时，其工作频率可使用到固有频率的40％～45％。常用振子型号及相应技术参数见表实2-1所列。

表实2-1　常用振子型号及相应技术参数

振子型号	固有频率/Hz	工作频率/Hz	直流灵敏度(mm/mA)	内阻/Ω	外阻/Ω	最大允许电流/mA	保证线性最大振幅/mm
FC6-120	120	0～65	840	55±10	27.5±12.5	0.2	±3％±100
FC6-400	400	0～200	72	50±10	27.5±12.5	2	±3％±100
FC6-1200	1200	0～400	12	20±4		5	±3％±50
FC6-2500	2500	0～800	2.45	16±4		30	±3％±50
FC6-5000	5000	0～1700	0.45	12±4		80	±3％±30

振子安装时要考虑尽量减少圆弧误差，使振子的顺序与光点的位置相适应。使用时打开电源开关，预热10～30min，再按启辉电钮。注意：突然熄灭或关断熄灭后，不能马上再次启辉，必须等10min后灯泡冷却才能再次启辉。根据需要用专用工具松开振子紧固螺钉，转动振子或调整其仰角，以调节各光点在记录纸上的位置。

根据被测信号的频率及变化速度选择合适的纸速及时标，根据信号的大小及纸速快慢调节光点光栅和分格线光栅的亮度，以达到良好的记录效果。按下电机按钮锁牢，将定长按钮调节到所需要记录长度的位置；按下或锁牢拍摄按钮，记录纸送出定长长度后自动停拍。放开拍摄按钮，准备下次拍摄用。

2.2.5　自制压力传感器标定

对自制压力传感器进行标定，就是用材料实验机给出一系列标准载荷作用在传感器上，记录每次加载时的载荷p，同时用光线示波器记录相应的光点偏移量y，或用计算机数据采集系统记录相应载荷下应变仪输出电压，做出标定曲线(即$y\sim p$或$V\sim p$关系曲线)，从而确定出标准载荷与输出信号之间的对应关系，以此关系来度量传感器所承受的未知载荷大小。

2.2.6　测试装置静态特性测定

测试装置的静态特性，指对于静态信号，测试装置的输出量与输入量之间所具有的相互关系。静态特性指标主要有灵敏度、线性度和回程误差。

1. 灵敏度

对采用压力传感器的应变仪、示波器系统来说，就是当压力有一个微变量dp，引起振子光点偏移量发生微变dy时，它们的比值为灵敏度，即

$$K=\frac{dy}{dp}$$

通过静态标定得到的标定曲线即为灵敏度曲线，因此，灵敏度可定义为标定曲线的斜率。

2. 线性度

把标定曲线与理论直线的偏离程度称为测试装置的线性度，用标定曲线偏离理论直线的最大偏差的百分比来表示。理论直线可用回归方法加以确定，即

$$\text{线性度}=\frac{|\text{最大偏差}|}{\text{输出信号变化范围}}\times 100\%$$

3. 回程误差

在同样的测试条件下，当输入信号在由小增大和由大减小的过程中，测试装置会出现输入同样大小的信号而得到不同的两个输出信号的情况。其最大差值称为滞后量，即

$$\text{回程误差}=\frac{\text{滞后量}}{\text{输出信号变化范围}}\times 100\%$$

产生回程误差的主要原因是测试装置中磁性材料的磁化现象和弹性元件材质的疏松等因素造成，因此，测试时应避免强磁区，传感器在标定前要预受力数次。

2.3 实验用仪器、工具及材料

实验用仪器、工具及材料有：

(1) 兆欧表、万用表、惠斯顿电桥、动态电阻应变仪、光线示波器或计算机数据采集系统、万用材料试验机。

(2) 放大镜、红外线灯、电烙铁、镊子、传感器、振子等。

(3) 应变片、502 胶水、丙酮、酒精、砂纸、药棉、塑料薄膜、电线、套管、紫外线、记录纸等。

2.4 实验步骤

2.4.1 传感器制作

1. 外观检查

用 5 倍以上放大镜检查应变片本体是否完整，是否有霉点和锈斑，引线是否牢固。

2. 阻值分选

先用万用表测量应变片是否短路、断路，然后再用惠斯顿电桥精确测量应变片阻值并记录。

QJ－23型直流单电桥主要由比例臂、比较臂、检流计等组合而成。使用时首先检查断路片是否正确接好(说明在底板)，调节检流计指针和零线重合。估计被测片的阻值，依此选好比例臂值，将被测应变片接到“RX”两接线柱上，适当选择比较臂值，使按钮“B”和“C”闭合，看检流计指针的偏转方向，如向正偏，则加大比较臂值，反之减少比较臂值，直至检流计指针不动。此时，所测应变片的阻值即为：

$$R = 比例臂值 \times 比较臂值$$

3. 配桥

要求组成桥臂各臂阻值大致相等，最大误差不应超过0.2Ω，注意利用“和差特性”。

4. 贴片部位的表面处理

首先用砂纸将该表面打光，交叉打磨的纹路应与应变片的轴线成45°角。再用镊子夹药棉沾丙酮和酒精擦洗，直至药棉没有黑迹为止。

5. 画线定位

为保证应变片粘贴位置准确，用铅笔将定位线划在试件表面上。为避免端部效应对应变分布的影响，贴片位置不要太靠端部，同时要注意留出贴接线端子的位置。

6. 贴片

烘干贴片部位表面，将502胶水分别涂抹在应变片表面和试件表面，小心粘贴在预定部位，用透明塑料薄膜覆盖在应变片上，用拇指从应变片一端到另一端轻轻挤压，挤压出多余胶水和气泡。

需要注意分清应变片的正反面，正面向上，否则将造成弹性元件短路。

7. 粘贴端子

为防止在焊接组桥时将应变片的引出线拉断，要在应变片的附近粘贴端子，引出线要加套管。

8. 粘贴质量检查

应变片贴完后，要进行外观、阻值和绝缘检查。阻值应无太大改变，绝缘电阻应在100MΩ以上。

9. 组桥连线

先将引出线固定在端子上，再按设计好的组桥连线图进行焊接连线。考虑到电线分布电容，电路线长短要适宜，布置要均匀。为严防虚焊，要再一次检查阻值和绝缘。

10. 防潮处理

用绝缘绸布将整个桥路包好，再包上白布带，最后用石蜡将弹性元件的表面封好，写上班级姓名，以待使用。

2.4.2　仪器使用及平衡调节

有以下几个步骤：

(1) 将电桥盒与应变仪连线接上，并接好应变仪与电源供给器和示波器的连线；

(2) 将传感器接到电桥盒上；

(3) 连接应变仪的电源，打开应变仪电源开关预热；

(4) 平衡调节；

(5) 打一次电标定，记录所对应毫安值，即将测标开关置于标定一侧，标定旋钮分别打在 30με、100με、300με，并记录所对应的毫安值；

(6) 选择振子并安装，注意应变仪测量旋钮挡位应对应所选振子，FC6－5000 对应测量 12 挡，FC6－2500 对应测量 16 挡，FC6－1200 对应测量 20 挡；

(7) 装入记录纸，再打一次电标定，输入光线示波器 FC6－1200 振子内，调整应变仪输出衰减，观察光点双振幅，拍摄一段记录波形，曝光后观察所记录的波形。

2.4.3 传感器标定及静态特性测试

有以下几个步骤：

(1) 连接应变仪、示波器(或计算机采集系统)和传感器。

(2) 应变仪调平衡。

(3) 将传感器放在材料试验机上，对正中心。

(4) 开动试验机，慢慢加载。由零载到额定载荷之间预加载 2 ～ 3 次，预加载最大负荷为 8t，以消除传感器各部件之间的间隙和滞后，改善其线性。在加载过程中，根据输出信号的大小调整应变仪的衰减挡。应变仪的线性输出范围为 0 ～ 50mA，应在此范围的 40% ～ 80% 为宜。

(5) 进行标定前的第一次电标定。

(6) 对传感器进行正式标定加载，将额定载荷分成若干梯度，每梯度 0.5t，由零载荷到额定载荷按梯度加载，将每个梯度载荷稳定 5 ～ 10s，以便读取输出值。

(7) 加载到额定载荷后，按同样梯度卸载，记录卸载时的输出值。

(8) 检查传感器输出信号是否正确。

(9) 经检查无误后，进行标定后的第二次电标定。

2.5 实验数据记录项目

2.5.1 仪器工作状态记录

具体记录项目有：

(1) 传感器编号；

(2) 应变仪通道号和衰减录位及测量挡位；

(3) 记录仪振子型号或采集系统通道号；

(4) 第一次电标：± με，mA；

(5) 第二次电标：± με，mA。

2.5.2 实验数据记录

实验数据记录见表实 2－2 所列。

表实2-2　实验数据记录

加载/kN	10	20	30	40	50	60	70	80	90	100
光点偏移/mm 或电压/V										
卸载/kN	100	90	80	70	60	50	40	30	20	10
光点偏移/mm 或电压/V										
滞后量(mm或V)										
偏差(mm或V)										

2.6　实验报告要求

1. 简述贴片、连线、检查等主要步骤。

2. 画出4片应变片(2片工作片、2片补偿片)组成全桥的原理图和连线图。

3. 应变仪、示波器使用主要操作步骤及连线方法,振子的选择原则,传感器平衡调节的步骤。

4. 将标定加载记录数据和卸载记录数据填入表格。

5. 画出标定曲线,求出灵敏度。

6. 做出回归曲线,求出线性度。

7. 画出加-卸载曲线,求出回程误差。

实验3 等强度梁法标定轧机转矩

3.1 实验目的

熟悉等强度梁标定轧机转轴转矩的原理,掌握实际标定方法。

3.2 实验原理

要求所选用应变梁的材质与被测轴相同或相近,应变片性能、贴片工艺、组桥方法、测量仪器以及所选用参数均与实测条件相同。

假设实测轴两面沿与轴线±45°角方向都各贴一片应变片,如图实3-1所示,应变梁的上、下表面各直贴2片应变片,各自组成全桥。由于等强度梁和实测轴的应力状态不同,故其应力应变关系也不同。

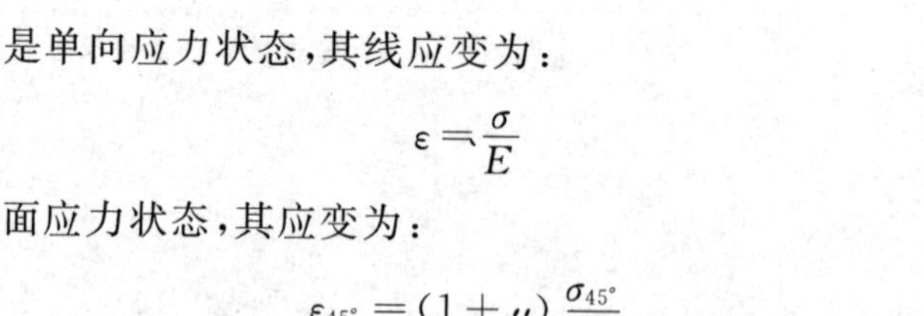

图实3-1 轧机转轴转矩测定贴片示意

等强度应变梁是单向应力状态,其线应变为:

$$\varepsilon=\frac{\sigma}{E}$$

而实测轴是平面应力状态,其应变为:

$$\varepsilon_{45^\circ}=(1+\mu)\frac{\sigma_{45^\circ}}{E}$$

当应变梁与实测轴的测试条件、输出值相同时,则表示两者产生的应变相同,即

$$\varepsilon=\varepsilon_{45^\circ}$$

于是得到应变梁上正应力与实测轴上正应力之间的关系:

$$\sigma=(1+\mu)\sigma_{45^\circ}$$

而实测轴上切应力为：

$$\tau=\sigma_{45°}=\frac{\sigma}{(1+\mu)}$$

此式说明，在同样变形数值（输出值相同）下，应变梁上的正应力是实测轴上的正应力的$(1+\mu)$倍。当应变梁宽为B，贴片处厚为H，承受载荷为P，加载点至应变片之距离为L，则应变梁上正应力为：

$$\sigma=\frac{M_L}{W}=\frac{PL}{\frac{1}{6}BH^2}=\frac{6PL}{BH^2}$$

将以上各关系式代入实心圆轴扭矩计算公式，可得

$$M_Z=0.2D^3\frac{\sigma}{1+\mu}=0.2D^3\frac{6LP}{(1+\mu)BH^2}=0.2D^3\frac{6L}{(1+\mu)BH^2}KV$$

式中　D——为转轴贴片处直径；

K——为标定曲线的斜率；

V——为计算机采集系统输出电压值。

3.3　实验设备、工具及材料

实验设备、工具及材料有：

(1) 等强度应变梁、标准加载块；

(2) 动态电阻应变仪、计算机数据采集系统；

(3) 万用表、惠斯顿电桥、兆欧表、电吹风、烙铁、镊子等；

(4) 应变片、502快干胶、电线、砂纸、酒精等。

3.4　实验方法和步骤

有以下几种实验方法和步骤：

(1) 清理应变梁表面，用砂纸打光，用药棉沾酒精清洗，用电吹风烘干备用；

(2) 用惠斯顿电桥分检应变片，选出阻值相同或相差不超过0.1Ω的应变片备用；

(3) 在应变梁的上、下表面与应变梁轴线平行方向各贴2片应变片，见图实3-2。

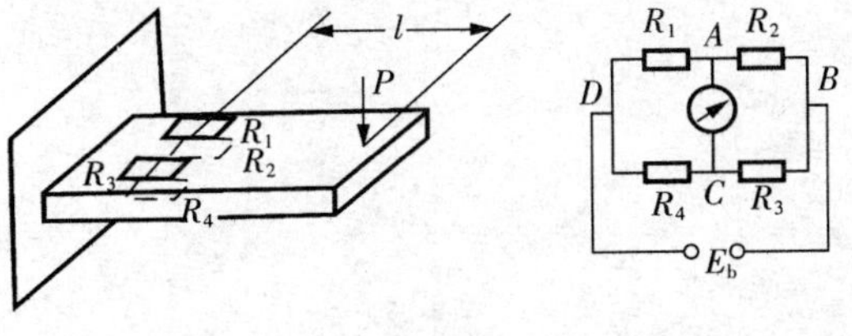

图实3-2　应变梁贴片与组桥示意图

(4) 待 15min 胶水固化后，如图实 3-2 所示组成全桥；

(5) 连接应变仪和计算机采集系统，通电预热 10min；

(6) 将应变梁电桥接到应变仪电桥盒，注意应按说明书全桥接法；

(7) 使用电阻、电容平衡调节旋钮，将应变仪预调平衡，再打到测量挡，重新调节各衰减档次，达到平衡；

(8) 打开计算机，进入采集系统界面；

(9) 给应变梁逐次加载，记录加载质量，同时使用计算机采集系统采集数据；

(10) 给应变梁逐次减载，记录减载质量，采集数据；

(11) 计算各次加、减载对应的电压值，记录在表实 3-1。

表实 3-1　实验数据记录

加、减载序号	荷重	电压值	衰减档次
1			
2			
3			
4			
5			
1			
2			
3			
4			
5			

3.5　实验报告要求

1. 记录实验过程中所用仪器选定的参数和实验数据。
2. 依据标定数据，绘出标定曲线。
3. 观察实验数据，对于可能的异常数据进行分析。

实验4 轧机刚度系数的测定

4.1 实验目的

通过实验进一步认清轧机刚度的意义，明确其重要性，并掌握测定轧机刚度系数的方法。

4.2 实验原理

轧机在轧制时产生的巨大轧制力，通过轧辊、轴承、压下螺丝，最后传递给机架，所有这些零部件在轧制力作用下都要产生弹性变形。

在轧制压力的作用下轧辊产生压扁和弯曲，把它相加起来就构成轧辊的弹性变形，轧辊弹性变形和轧制压力的关系曲线称为轧辊弹性曲线，该曲线近似呈直线关系。

同样，轧辊轴承及机架等在负荷作用下也要产生弹性变形，该弹性变形相对于负荷所做的弹性曲线。在最初阶段，由于装配表面的不平和公差等原因有一弯曲段，过后也可视为直线。

考虑了轧辊和轧机机架的弹性变形曲线后，整个轧机的弹性曲线则为它们的总和。曲线的直线段斜率对已知轧机为常数，该斜率称为轧机的刚度系数，其物理意义是使轧机产生弹性变形所需施加的负荷量。由于曲线下部有一弯曲段，所以直线段与横坐标并不相交于原点，而是 S_0 处。如果把轧机的初始辊缝也考虑进去，那么曲线段也将不由坐标零点开始，如图实 4-1 所示。

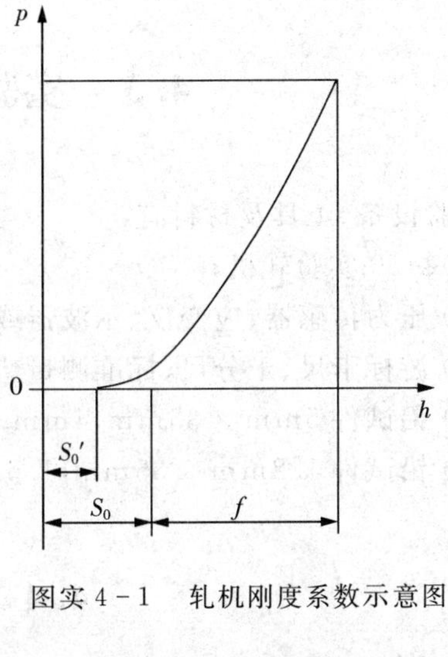

图实 4-1　轧机刚度系数示意图

因为两轧辊之间隙在受载时比空载时为大。把空载时的间隙称为初始辊缝 S_0'，把受载时辊缝的弹性增大量称为弹跳值 f。f 从总的方面反映了机座受力后变形的大小，显然，f 与轧制力的大小成正比。在相同的轧制力作用下，f 越小则该轧机的刚性越好。

以纵坐标表示轧制力，以横坐标表示轧辊的开口度，由实验方法制作出轧机的弹性变形曲线，该曲线与横坐标轴的交点即为初始辊缝 S_0'。在轧制负荷较低时有一非线性段，但在高负荷部分曲线的斜率逐渐增加趋向一个固定值，该固定值即为机座的刚度系数。固定斜率直线段与横坐标的交点即为包含初始辊缝和机架装配间隙的实际辊缝 S_0。显然，刚度系数就是当轧机的辊缝值产生单位距离的变化时所需的轧制力的增量值，即

$$K = \frac{\Delta P}{\Delta f}$$

当轧机弹性曲线为一直线时，此时刚度系数可表示为：

$$K = \frac{P}{f}$$

则轧出的板材厚度可用下式表示：

$$h = S_0 + f = S_0 + \frac{P}{K}$$

即

$$P = K(h - S_0)$$

此式为轧机的弹性变形曲线方程式，表示轧制力大小与轧出的板材厚度之间的关系。

4.3 实验设备、工具及材料

实验设备、工具及材料有：

(1) ϕ150 实验轧机；

(2) 压力传感器、应变仪、示波器或计算机数据采集系统；

(3) 游标卡尺、千分尺、标准测量垫片；

(4) 铝试件 5mm × 35mm，4mm × 35mm，3mm × 35mm，2mm × 35mm 各 1 块；

(5) 铅试件 1.2mm × 35mm，1.6mm × 35mm，2mm × 35mm 各 1 块。

4.4 实验步骤

有以下几个步骤：

(1) 检查仪器是否预备好，接上传感器；

(2) 传感器放置在压下螺丝下面；

(3) 在传感器未受载时，将传感器输出到应变仪的信号调平；

(4) 预调初始辊缝 S_0' 至 1mm，用标准测量垫片测量；

(5) 取铅试件，在调好的辊缝中依次进行轧制，记录轧制压力，测出实际辊缝 S_0；

(6) 将铝试件按顺序编号，测量原始尺寸，进行轧制，同时记录轧制压力；

(7) 测量每道次铝试件轧后厚度，添入表格，见表实 4－1 所列。

表实 4－1　实验数据记录

试样号	材质	H	h	压下量	S_0'	P	S_0	f	K
0	垫片								
1	铅								
2	铅								
3	铅								
1	铝								
2	铝								
3	铝								
4	铝								

4.5　实验报告要求

1. 由实验数据绘出轧机的弹性变形曲线。
2. 由实验曲线计算出 S_0，f，K，并对结果进行分析。

实验5　计量光栅法测量位移

5.1　实验目的

深入理解莫尔条纹现象，以及利用莫尔条纹测量位移的原理。

5.2　实验原理

当两块具有相同栅距的光栅叠合在一起，它们的刻线之间将保持一个很小的夹角 θ，在刻线重合处形成亮带，在刻线错开处形成暗带，如图实 5-1 所示。

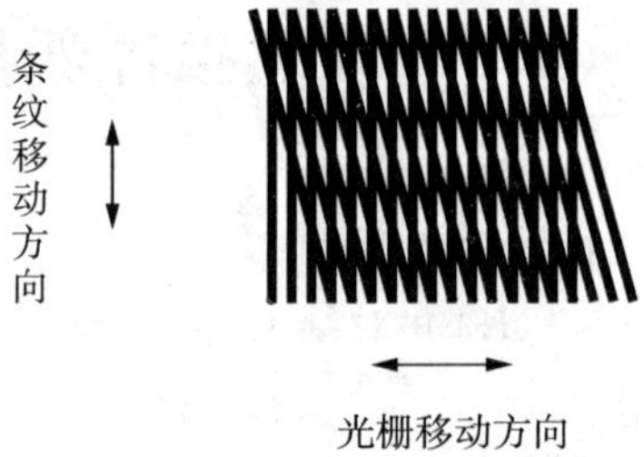

图实 5-1　莫尔条纹形成原理示意图

设 a 为刻线宽度，b 为同一光栅两条刻线之间的缝宽，则栅距为：

$$W=a+b$$

栅距 W 也称为光栅常数。当

$$a=b=\frac{W}{2}$$

时，暗带是全黑的。条纹的宽度 B 与栅距 W 及倾角 θ 之间有如下关系：

$$B=\frac{W}{\theta}$$

由于任意角 θ 很小，莫尔条纹近似与两块光栅都垂直，称为横向莫尔条纹。对横向莫尔条纹，有如下结论：

(1) 当光栅沿垂直方向移动时，莫尔条纹将沿着平行刻线方向移动；

(2) 当光栅移动一个栅距 W，条纹也随之移动一个条纹宽度 B。

在测量位移时，主光栅与运动物体连在一起，随之运动，主光栅大小与测量范围一致。指示光栅固定不动，为很小的一块。在主光栅外侧加电光源和光电元件，当光栅随运动物体移动时，产生莫尔条纹也随之移动，光电元件接受到的光强将随莫尔条纹的移动而变化。光电元件把这种光强的变化转换成电信号，当光栅移动一个栅距 W，相应莫尔条纹移动一个宽度 B，则电信号变化一个周期。只要记录信号波形变化的周期数 N，就可知道光栅位移量 X，即

$$X = NW$$

5.3　实验设备、工具及材料

实验设备、工具及材料包括：

(1) 光栅 2 块，反射镜 1 块；

(2) 滑轨和位移调节控制装置 1 套；

(3) 光电反射式传感器 1 个；

(4) 电子计数器 1 台。

5.4　实验方法和步骤

有以下几个实验方法和步骤：

(1) 调校电子计数器，对照自校表数据校正；

(2) 选定测量时间；

(3) 将测量旋扭旋转到测频；

(4) 连接光电反射传感器与电子计数器；

(5) 将指示光栅和反射镜固定，注意光栅和镜片要垂直于传感器出射光线；

(6) 打开光电传感器电源，使光电反射传感器光源聚焦对准指示光栅和反射镜，并注意使从反射镜片反射过来的光线能够准确地反射到传感器的视窗内；

(7) 移动主光栅，记录在规定时间内的周期数；

(8) 根据所记录周期数计算在规定时间内的位移；

(9) 反复多次测量和计算，求得均值。

5.5　实验报告要求

1. 简述莫尔条纹形成及利用其测量位移的原理。

2. 计算测量结果及分析。

实验 6　光电反射法测定轧机转速

6.1　实验目的

熟悉光电反射转速仪的工作原理，掌握实际测定轧机转速的方法。

6.1　实验原理

转速与频率有共同的量纲（T^{-1}），所以可用测频率的方法来测转速。采用电子计数式频率计，配上光电反射式转速传感器，即构成光电反射转速仪。

光电转速传感器的原理如图实 6-1 所示。因为被测轴上反光面和非反光面的反射光强度差别很大，故在光敏元件上产生明电流和暗电流，输出脉冲信号，每转脉冲信号数等于反光面数。

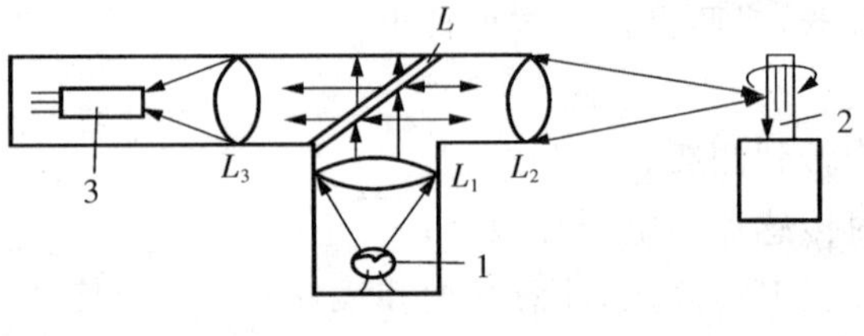

图实 6-1　光电传感器的原理图

1—光源　2—被测轴　3—光敏管　L_1、L_2、L_3—透镜　L—半透明平面镜

转速传感器输出的电脉冲数 N 为：

$$N=\frac{znt}{60}$$

其中，z 为轧机轴每转脉冲数；n 为轧机转数；t 为测量时间。若 $zt=60$，则转速传感器输出的脉冲数即为待测转速。

电子计数式频率计的频率测量过程，实质上就是在标准时间内，如实地记录电信号变化的周波数。标准时间是由石英晶体振荡器通过分频器得来的，频率测量工作原理如图实 6-2 所示。当仪器的测量选择开关位于测频时，被测信号（正弦波、三角波、矩形波）从输入端输入，经过放大整形，形成前沿陡峭的矩形脉冲，作用在计数门的输入端。另外由石英振荡器而来的标准频率，经过时基分频器得出的标准时间脉冲信号（分别为0.1s、1s、2s、3s、6s、10s、20s、30s、60s）通过测量时间开关BK2的选择，加入控制器，通过控制电路的适当编码逻辑，得到相应的控制指令用以控制计数门，从而选通被测信号所发出的矩形波，进入十进制计数电路进行计数和显示。其波形图如图实6-3所示。

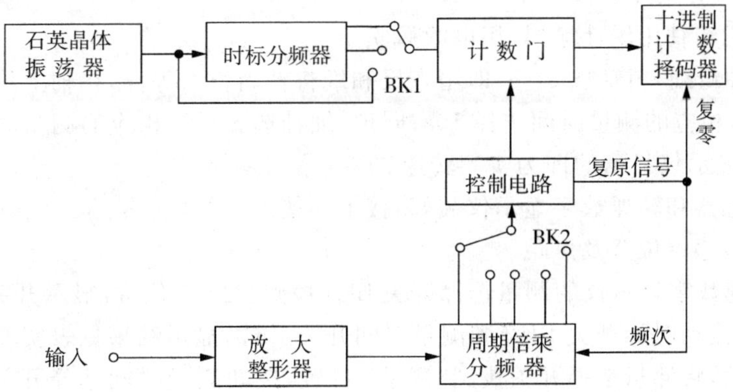

图实6-2　频率测量工作原理

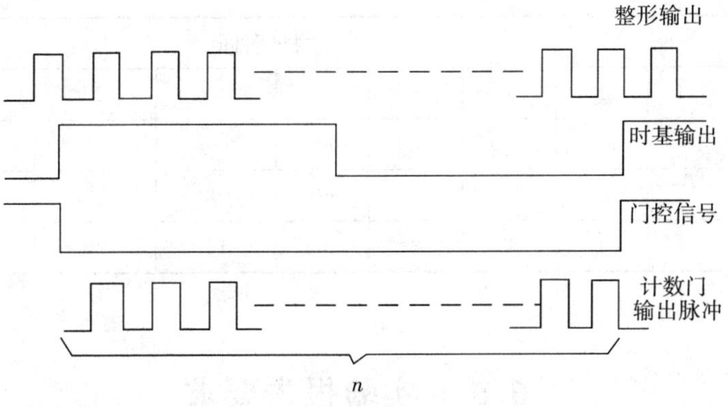

图实6-3　频率测量波形图

计数电路所显示的数，就是所需测量的频率，若$zt=60$，也即为待测转速n；若$zt=6$，则计数电路显示的数即为十分之一待测转速。

6.3　实验仪器、工具及材料

实验仪器、工具及材料包括：

（1）光电传感器、转速数字显示仪、轧机。

（2）手持数字式转速表、电吹风、直尺。

（3）墨汁、锡箔纸、胶水、毛笔、纸。

6.4 实验方法和步骤

有以下几个实验方法和步骤：

(1) 将轧机转轴用墨汁涂黑，用电吹风吹干。

(2) 视转轴粗细，粗轴选 $z=6$，即用直尺和纸将轴周长六等分，在轴上均匀贴6条锡箔纸作为反光面，相应的测量时间选择 10s；同理，细轴选 $z=2$，相应的测量时间选择 30s。如此转速数字显示仪显示的即为实测转速。

(3) 将传感器和转速数字显示仪装好，接上连接线，通电预热。

(4) 调节传感器位置及焦距。

(5) 将转速数字显示仪的测量选择开关 BK1 拨到"自校"位置，显示开关拨到"自动显示"方式，分别拨动时标开关 BK2 和测量时间开关 BK3，显示结果见表实 6-1 所列。

(6) 自检后，将测量选择开关拨到"测量"位置，拨动测量时间选择开关，选择需要的测量时间，进行测转速。

(7) 测转速的同时，可用手持式数字转速仪进行测量，作为校对。

表实 6-1 自动显示结果 (单位：kHz)

时间	测量时间								
	0.1	1	2	3	6	10	20	30	60
10μs	10	100	200	300	600	—	—	—	—
0.1ms	1	10	20	30	60	100	200	300	600
1ms	0.1	1	2	3	6	10	20	30	60

6.5 实验报告要求

1. 简述非接触式测量转速与接触式测量转速的利弊和应用场合。
2. 两种转速测量方法的原理、结果及分析。

实验 7　非接触式温度测量及校正

7.1　实验目的

深入理解热辐射测温的原理，以及利用光电高温计测量温度及校正的方法。

7.2　实验原理

非接触式测温是利用物体的热辐射特性与温度之间的对应关系，进行非接触式测量物体的温度。目前辐射式仪表都是以黑体为对象刻度的，所以测一般物体的温度时，必须用该物体的辐射系数(也称辐射率)加以校正。

热辐射测温有全辐射法、亮度法和比色法。全辐射法是测出物体在整个波长范围的辐射能量，以辐射率 ε 校正后确定物体温度，如全辐射高温计。亮度法是测出物体在某波段 $\lambda+\mathrm{d}\lambda$ 上的单色辐射强度 E_λ，以单色辐射率 ε_λ 校正后确定物体温度，如光学高温计和光电高温计。比色法是测量两个波段 $\lambda_1+\mathrm{d}\lambda_1$ 和 $\lambda_2+\mathrm{d}\lambda_2$ 的单色辐射强度的比值 $E_{\lambda_1}/E_{\lambda_2}$，以单色辐射率 ε_{λ_1} 和 ε_{λ_2} 校正，如光电比色高温计。

已知光电高温计采用的是亮度法，即测出物体在某一波段 $\lambda+\mathrm{d}\lambda$ 上的单色辐射强度 E_λ，以单色辐射率 ε_λ 校正后确定物体温度。任何物体其单色辐射强度与温度的关系，可用维恩公式表示：

$$E_\lambda=\varepsilon_\lambda c_1\lambda^{-5}e^{\frac{-c_2}{\lambda T}}$$

其中，c_1 和 c_2 为常数；λ 为辐射波长；T 为物体表面温度。对绝对黑体 $\varepsilon_\lambda=1$，光学高温计就是以绝对黑体刻度的。但被测物体往往是非黑体，即 $0<\varepsilon_\lambda<1$，所以实际测量时必须以该被测物体的单色辐射率 ε_λ 修正由光学高温计测得的亮度温度，才能求得该被测物体的真实温度。

实验所用光学高温计是采用亮度均衡法进行温度测量的。也就是使被测物体成像于高温计灯泡的灯丝平面上，通过光学系统在一定波段(0.65μ)范围内比较灯丝与被测物体的表面亮度，调节滑移线电阻，使灯丝的亮度与被测物体的亮度相均衡，此时灯丝轮廓就隐灭于被测物体的影像中，并可由仪表指示值直接读取被测物体的亮度温度。

7.3　实验设备、工具及材料

实验设备、工具及材料包括：

(1) 电炉 1 个；

(2) 光学高温计 1 台；

7.4　实验方法和步骤

有以下几个实验方法和步骤：

(1) 检查光学高温计指示窗指针是否指零，如不指零，则旋转零位调节器调零。

(2) 拨动目镜部分的转动片，将红色滤光片移入视场，按下电源按钮，旋转滑移电阻盘使灯丝发红，前后调节目镜到灯丝清晰为止。

(3) 瞄准被测物体，前后调节物镜内筒，使被测物体的像清晰可见。

(4) 旋转滑线电阻盘，使流经灯丝的电流均匀地增大，调节灯丝亮度到灯丝顶部的像被隐灭在被测物体的像中时，读取刻度盘上指示值。为了获取正确的读数，应该逐渐的调高高温计灯泡灯丝的电流。先自低而高，再自高而低，每次调整到灯丝隐灭时读出温度系数，然后取其二次读数平均值作为最终读数。如图实 7-1 所示。

图实 7-1　调节亮度时灯丝隐灭情况

(5) 温度修正方法：

① 从表实 7-1 中查出被测对象的单色辐射率 ε_λ；

② 由高温计的读数 S，从图实 7-2 中的横坐标查出其对应位置；

③ 再从图实 7-2 中的纵坐标查出对应于 S 及该种物体的单色辐射率 ε_λ 的温度修正值 Δt；

④ 由修正公式计算其真实温度：真实温度＝光学高温计读数 S＋温度修正值 Δt。

表实 7-1　有效波长 $\lambda = 0.66\mu m$ 时各种金属材料的单色辐射率(ε 0.65μ)

材料名称	表面无氧化层		有氧化层光滑表面
	固　态	液　态	
铝	—	—	0.22～0.4
银	0.07	0.07	—
钢	0.35	0.37	0.8
铸铁	0.37	0.4	0.7

（续表）

材料名称	表面无氧化层		有氧化层光滑表面
	固　态	液　态	
铜	0.1	0.15	0.6 ～ 0.8
康铜	0.35	—	0.84
镍	0.36	0.37	0.85 ～ 0.96
镍铬合金：			
90％Ni,10％Cr	0.35	—	0.87
80％Ni,20％Cr	0.35	—	0.90
镍铝合金：			
95％Ni,Al,Mn,Si	0.37	—	—
瓷器	—	—	0.25 ～ 0.50
石墨（粉状）	0.95	—	—
碳	0.80 ～ 0.93	—	—

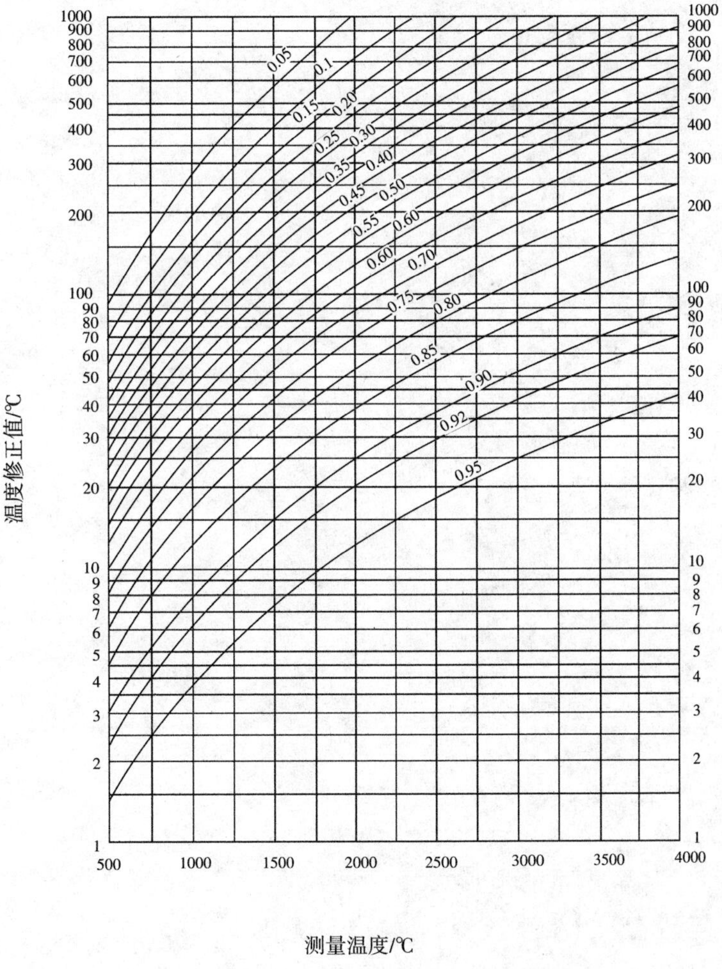

图实 7-2　光学高温计读数修正曲线

7.5 实验报告要求

1. 简述光学高温计测温的原理。
2. 计算测量结果并进行分析。

实验8　扭矩的无线遥测

8.1　实验目的

通过实验掌握无线遥测方法测试轧机主传动扭矩的基本方法，培养学生实际动手的能力；了解和掌握设备参数的设置方法及一般扭矩信号的处理方法；掌握测试系统的标定方法。

8.2　实验原理

在传动轴上采用图实8-1所示的方式布置应变片并加密封胶密封，然后连接到无线遥测发射端，经无线遥测接收端接收后输入到计算机。无线遥测发射端含有供电模块和发射模块，无线遥测接收端含有接收模块、数据采集模块和A/D转换模块。

在计算机测试软件中设置各项参数，主要有应变片灵敏、传动轴直径、泊松比以及采样频率等。

最后对采集到的信号进行傅立叶变换等分析。

测试方式如图实8-1所示。

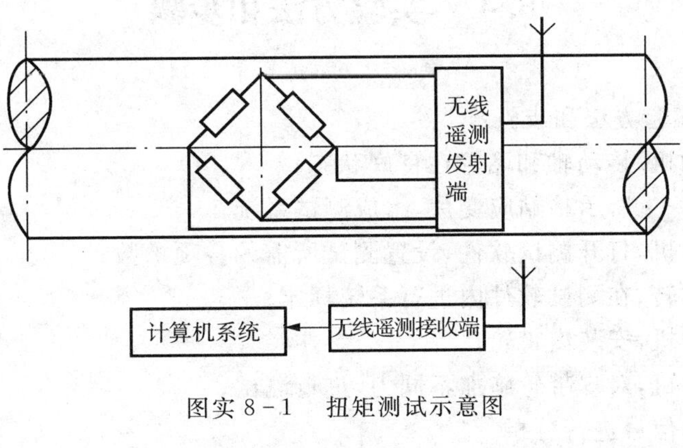

图实8-1　扭矩测试示意图

无线遥测系统框图如图实8-2所示。

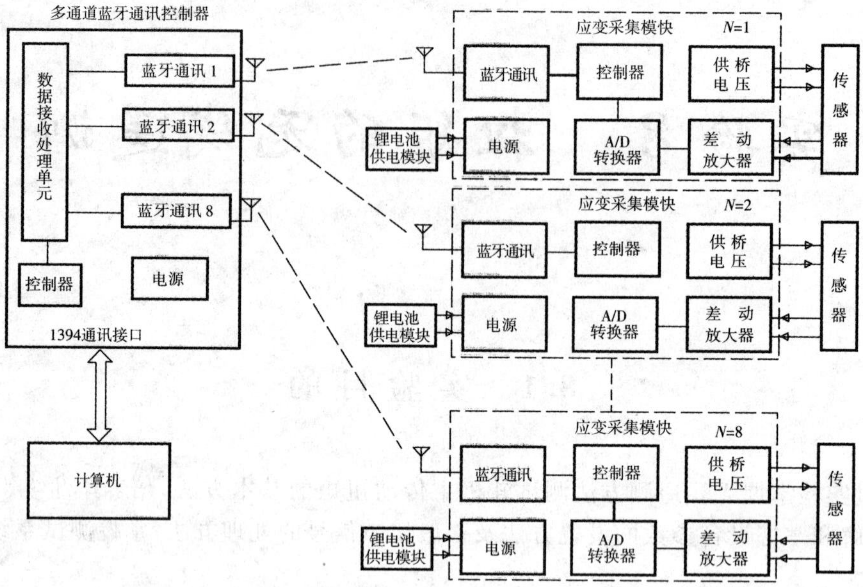

图实 8－2　无线遥测系统框图

8.3　实验设备、工具和材料

实验设备、工具及材料包括：

(1) 无线遥测测试系统 1 套；

(2) 电动机、传动轴和皮带轮；

(3) 电阻应变片及贴片工具。

8.4　实验方法和步骤

有以下几个实验方法和步骤：

(1) 检查电动机、传动轴和飞轮在良好状态；

(2) 按图实 8－1 所示粘贴应变片，组成测试系统；

(3) 开启计算机，打开测试软件，设置测试所需的各项参数；

(4) 电动机空转，在测试软件内进行系统标定；

(5) 停止电动机，安装皮带轮；

(6) 开启电动机，对皮带轮施加不同力，进行测试；

(7) 对所采集信号进行分析。

8.5　实验报告要求

1. 简述无线遥测测试扭矩的基本方法。
2. 对所采集信号进概率统计分析，并给出功率频谱图(如图实 8-3、图实 8-4 所示)。

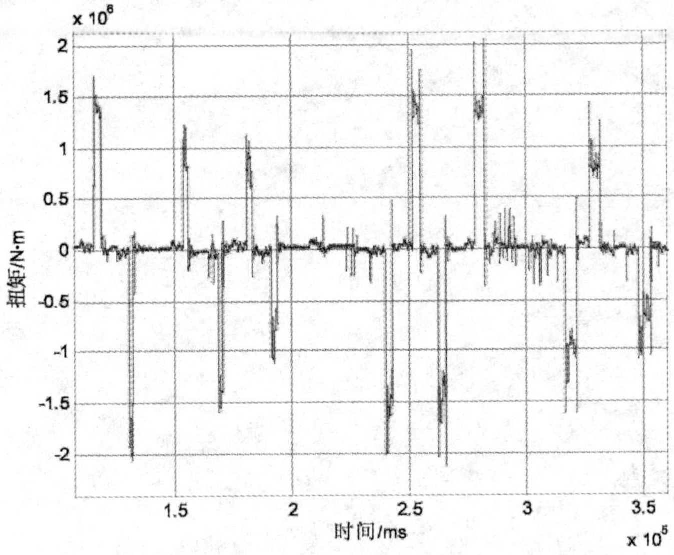

图实 8-3　实测扭矩图

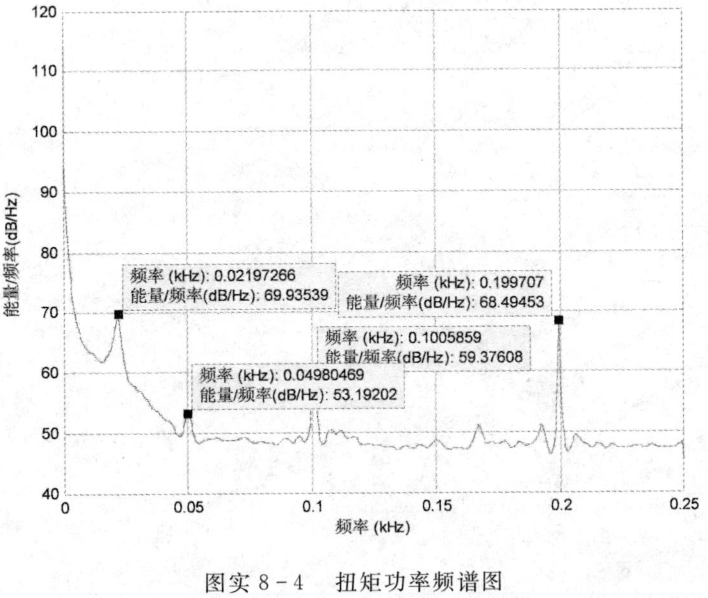

图实 8-4　扭矩功率频谱图

参考文献

[1] 黎景全．轧制工艺参数测试技术[M]．北京:冶金工业出版社,2007

[2] 邓善熙．测试信号分析与处理[M]. 中国计量出版社,2003

[3] 蔡共宣,林富生．工程测试与信号处理[M]. 武汉:汉中科技大学出版社,2006

[4] 宋美娟．轧制测试技术[M]. 北京:冶金工业出版社,2008

[5] 张洪亭,王明赞．测试技术[M]. 沈阳:东北大学出版社,2005

[6] 周德廉,邵国友．现代测试技术与信号处理[M]. 北京:中国矿业大学出版社,2005

[7] 唐志惠,阎瑾,杨舒拉. 宽厚板热轧机刚度测试与分析[J]. 冶金设备,1999,(3):38 ～ 42

[8] 刘君华．现代检测技术与测试系统设计[M]. 西安:西安交通大学出版社,1999